磐安赶茶场

总主编 杨建新

斗
赶
竖旗
茶神
舞狮
吹打鼓
民间表演
灯会

浙江省非物质文化遗产代表作丛书

浙江摄影出版社

陈永岗 主编

周天天 马时彬

王海根 编著

总 序

浙江省人民政府省长　夏宝龙

　　非物质文化遗产是人类历史文明的宝贵记忆，是民族精神文化的显著标识，也是人民群众非凡创造力的重要结晶。保护和传承好非物质文化遗产，对于建设中华民族共同的精神家园、继承和弘扬中华民族优秀传统文化、实现人类文明延续具有重要意义。

　　浙江作为华夏文明的发祥地之一，人杰地灵，人文荟萃，创造了悠久璀璨的历史文化，既有珍贵的物质文化遗产，也有同样值得珍视的非物质文化遗产。她们博大精深，丰富多彩，形式多样，蔚为壮观，千百年来薪火相传，生生不息。这些非物质文化遗产是浙江源远流长的优秀历史文化的积淀，是浙江人民引以自豪的宝贵文化财富，彰显了浙江地域文化、精神内涵和道德传统，在中华优秀历史文明中熠熠生辉。

　　人民创造非物质文化遗产，非物质文化遗产属于人民。为传承我们的文化血脉，维护共有的精神家园，造福子孙后代，我们有责任进一步保护好、传承好、弘扬好非物质文化遗产。这不仅是一种文化自觉，是对人民文化创造者的尊重，更是我们必须担当和完成好的历史使命。对我省列入国家级非物质文化遗产保护名录的项目一项一册，编纂"浙江省非物质文化遗产代表作丛书"，就是履行保护传承使命的具体实践，功在当代，惠及后世，有利于群众了解过去，以史为鉴，对优秀传统文化更加自珍、自爱、自觉；有利于我们面向未来，砥砺勇气，以自强不息的精神，加快富民强省的步伐。

党的十七届六中全会指出，要建设优秀传统文化传承体系，维护民族文化基本元素，抓好非物质文化遗产保护传承，共同弘扬中华优秀传统文化，建设中华民族共有的精神家园。这为非物质文化遗产保护工作指明了方向。我们要按照"保护为主、抢救第一、合理利用、传承发展"的方针，继续推动浙江非物质文化遗产保护事业，与社会各方共同努力，传承好、弘扬好我省非物质文化遗产，为增强浙江文化软实力、推动浙江文化大发展大繁荣作出贡献！

前 言

浙江省文化厅厅长　杨建新

　　"浙江省非物质文化遗产代表作丛书"的第二辑共计八十五册即将带着墨香陆续呈现在读者的面前，这些被列入第二批国家级非物质文化遗产保护名录的项目，以更加丰富厚重而又缤纷多彩的面目，再一次把先人们创造而需要由我们来加以传承的非物质文化遗产集中展示出来。作为"非遗"保护工作者和丛书的编写者，我们在惊叹于老祖宗留下的文化遗产之精美博大的同时，不由得感受到我们肩头所担负的使命和责任。相信所有的读者看了之后，也都会生出同我们一样的情感。

　　非物质文化遗产不同于皇家经典、宫廷器物，也有别于古迹遗存、历史文献。它以非物质的状态存在，源自于人民的生活和创造，在漫长的历史进程中传承流变，根植于市井田间，融入百姓起居，是它的显著特点。因而非物质文化遗产是生活的文化，百姓的文化，世俗的文化。正是这种与人民群众血肉相连的文化，成为中华传统文化的根脉和源泉，成为炎黄子孙的心灵归宿和精神家园。

新世纪以来，在国家文化部的统一部署下，在浙江省委、省政府的支持、重视下，浙江的文化工作者们已经为抢救和保护非物质文化遗产做出了巨大的努力，并且取得了丰硕的成果和令人瞩目的业绩。其中，在国务院先后公布的三批国家级非物质文化遗产名录中，浙江省的"国遗"项目数均名列各省区第一，蝉联三连冠。这是浙江的荣耀，但也是浙江的压力。以更加出色的工作，努力把优秀的非物质文化遗产保护好、传承好、利用好，是我们和所有当代人的历史重任。

编纂出版"浙江省非物质文化遗产代表作丛书"，是浙江省文化厅会同财政厅共同实施的一项文化工程，也是我省加强国家级非物质文化遗产项目保护工作的具体举措之一。旨在通过抢救性的记录整理和出版传播，扩大影响，营造氛围，普及"非遗"知识，增强文化自信，激发全社会的关注和保护意识。这项工程计划将所有列入国家级非物质文化遗产保护名录的项目逐一编纂成书，形成系列，每一册书介绍一个项目，从自然环境、起源发端、历史沿革、艺术表现、传承谱系、文化特征、保护方式等予以全景全息式的纪录和反映，力求科学准确，图文并茂。丛书以国家公布的"非遗"保护名录为依据，每一批项目编成一辑，陆续出版。本辑丛书出版之后，第三辑丛书五十八册也将于"十二五"期间成书。这不仅是一项填补浙江民间文化历史空白的创举，也是一项传承文脉、造福子孙的善举，更是一项需要无数人持久地付出劳动的壮举。

在丛书的编写过程中，无数的"非遗"保护工作者和专家学者们为之付出了巨大的心力，对此，我们感同身受。在本辑丛书行将出版之际，谨向他们致上深深的鞠躬。我们相信，这将是一件功德无量的大好事。可以预期，这套丛书的出版，将是一次前所未有的对浙江非物质文化遗产资源全面而盛大的疏理和展示，它不但可以为浙江文化宝库增添独特的财富，也将为各地区域发展树立一个醒目的文化标志。

时至今日，人们越来越清醒地认识到，由于"非遗"资源的无比丰富，也因为在城市化、工业化的演进中，众多"非遗"项目仍然面临岌岌可危的境地，抢救和保护的重任丝毫容不得我们有半点的懈怠，责任将驱使着我们一路前行。随着时间的推移，我们工作的意义将更加深远，我们工作的价值将不断彰显。

2012年5月

目录

做佛戏

磐安地理位置优越，自然环境优美，是古代士大夫们避世隐居的『世外桃源』。这样一个自然与人文环境都十分优越的区域，古茶场的建造和赶茶场民俗活动的形成就不足为奇了。

蜈蚣旗

供祭品

迎茶神

概述

　　磐安，县名出自《荀子·富国》"国安于盘石"（"盘石"即"磐石"）之说，意为"安如磐石"。磐安位于浙江中部，地处天台山、括苍山、仙霞岭、四明山等山脉的发脉处——大盘山脉的中心地段，境内山脉纵横，大小山峰有五千二百多座，有"万山之国"之誉。它又是浙江四大水系瓯江、钱塘江、灵江、曹娥江的主要发源地之一，素有"群山之祖，诸水之源"之称。

磐安鸟瞰图

磐安东临天台，南接仙居、缙云，西与东阳、永康毗邻，北与新昌接壤，总面积1195平方公里，其中山地占总面积的91%，耕地只占不到6%，河滩水面占2.47%，故磐安有"九山半水半分田"之说。目前，地质地貌已推至二百万年前的冰川时代，而磐安属于玄武岩地貌。在磐安县尖山镇浙中大峡谷"夹溪十八涡"发现的古代冰臼群，其分布集中度以及单个大小均超过以往的记录，最大的"沉钟涡"深28米，臼口直径12米，而口径4米左右的冰臼则十分普遍。整个冰臼群确认的冰臼约二百多个，其中保留最完整、酷似螺蛳的"天螺涡"被中国地质研究所韩同林教授誉为"天下第一臼"。

磐安县森林覆盖率高达

磐安政区图

南方红豆杉

磐安香菇

74.6%，是一座天然氧吧，被誉为浙中的一块"绿肺"。磐安县土地肥沃，出产富饶，其中有南方红豆杉、香果树等国家珍稀保护植物和金钱豹、黑麂等国家级保护动物。磐安县还是食用菌生产大县，一年四季鲜菇飘香，为我国最大的鲜菇出口基地，被称为"万山菇国"。磐安又是天然的药材宝库，有家种和野生中草药一千二百多种，是"浙八味"中白术、元胡、玄参、贝母、白芍的重要生产区。磐安县生产的优质名茶品质上乘，清香扑鼻，纯净无污染，久负盛名。历史上，"婺州东白"在唐代就被列为贡品，现在，"磐安云峰"、"生态龙井"、"清莲香"等品牌名茶十分畅销。茶叶、药材和菇类是磐安县农业的支柱产业，它们共生一处，蓬蓬勃勃，欣欣向荣。近年来，磐安县已被评为"中国香菇之乡"、"中国药材之乡"、"中国生态龙井茶之乡"，被确定为"国家级自然保护区"。2010年，磐安县又通过了国家"生态示范县"建设考核验收，成为"国家级生态示范县"。

磐安县历史悠久，是浙江古人类较早的居住地之一。20世纪80年代，在玉山的浮牌、西坑畈，深泽的金钩，以及冷水等地出土了云纹铙、石斧、石矛、石环等许多珍贵文物，可见早在五六千年前就有人类在此栖息繁衍。2005年6月至7月，省文物考古研究所在深泽金钩小园山发现了商周文化遗址，并发掘了许多印纹陶片，有方格纹、回字纹、席纹、卷云纹等。此前，玉山的玉峰一带还出现了文化价值很高的三国时期的赤乌瓦。据清人卢标所纂的《婺志粹·金石志·赤乌瓦》[1]篇记载："楼蓬来曰：于玉山从寺得赤乌瓦。瓦致，或取以作砚，若渴水然。存者尚不下百面。""赤乌"是三国时期吴国孙权时的一个年号，约公元238至251年。此时，建康（今南京）已建了江南第一座寺院，赤乌瓦是用来盖寺院用的。由此可见，当时的磐安县玉山一带很有可能已有寺院，人口应该较多，经济也比较发达。

磐安是一片神奇的土地，茶文化、药文化、舞龙文化、农耕文化等特色鲜明的地方文化彰显了磐安深厚的文化底蕴。磐安民风淳朴，独特的地理环境保留了众多的民间文化遗存，并形成了浓厚的地方特色。这些极具民间艺术特色和乡土气息的优秀项目，堪称艺术瑰宝。磐安民俗文化活动内容丰富、形式多样，"龙虎大旗"、

---

[1]《婺志粹》是一部记述金华一郡人物杂事的书，用婺州古名。清卢标纂，标字菊人，东阳县人，嘉庆间官会稽教谕。

昭明太子萧统

"炼火"、"亭阁花灯"、"大纸马"、"大凉伞"、"叠罗汉"等民间艺术独树一帜。

磐安地理位置优越，自然环境优美，磐安的好山好水还使磐安成为古代士大夫们避世隐居的"世外桃源"。萧统、王诚、陈叔俊、卢琰、陆游等名人都在磐安留下了历史的脚印。

磐安县东北部有个"准平

水下孔之罗汉飞瀑

原",即玉山台地,面积约有50平方公里,是一个山环水绕的小平原,这就是磐安人民所称的玉山地区。玉山原属东阳,东阳有句老话叫做"东阳两头洋","洋"即是平原的意思,玉山就是东头这边的"洋"。玉山地区地处大磐山北麓,海拔高度在600至800米之间,为火山爆发后形成的山顶台地,其四周沟壑纵横,山顶则是一派丘陵地形,所以玉山又

夹溪十八涡风光

舞龙峡风光

夹溪十八涡风光

被人们称为"浮玉之山"。玉山地区独特的地貌形成了玉山独特的自然景观，有夹溪、水下孔、舞龙峡等风景区。

玉山茶山

由于玉山地区深厚的火山灰形成基质土壤，再加上千百年来良好的植被而形成的腐殖土，所以玉山土壤略带酸性，土层深厚。玉山丘陵的土壤主要是黄红壤和黄壤，其中黄壤土体垒结疏松，酸度适当，很适合茶树生长。同时，由于地势之故，玉山地区终年云雾缭绕，雨量充沛，日光漫照，是种植茶叶的理想场所。

茶叶交易

故而玉山盛产茶叶，产量很大，且历朝都很重视。唐代时，人们在玉山设贡茶点采集贡茶；宋代，玉山形成"婺州东白"的贡茶基地；明代时，人们设"巡检司"对玉山茶场实施管理；清代，玉山茶场由东阳县衙派专人进行管理。茶叶交易从未衰竭。

由于玉山台地地理位置和自然环境的得天独厚,历史上许多文人墨客都将其与被誉为"天府之国"的四川盆地相比拟,把玉山台地称为"小益州",把浙中大峡谷比拟成"小三峡"。许多名门望族都喜欢到这里避世定居。这样一个自然与人文环境十分优越的区域,古茶场的建造和赶茶场民俗活动的形成就不足为奇了。

"赶茶场"就是流传在玉山一带以许逊传说和茶神崇拜为核心,以当地茶文化为基础,以茶场庙庙会为依托,以古茶场为主要文化展示舞台而展现的民俗文化活动,也是群众参与面最广、参与意识最强,历史文化沉淀最深厚,民间艺术表演形式最丰富,具有深厚的文化底蕴和丰富的文化内涵的传统民俗文化事象,更是本地各种优秀非物质文化遗产节目大融合、大聚集、大展示的艺术盛会。

赶茶场,又称茶场庙庙会。相传,晋代道士许逊曾游历至磐安玉山修炼,其间,为玉山发展茶叶生产、传授茶叶制作工艺和打开茶叶销路作出了巨大贡献,因此许逊深受当地百姓的尊崇和爱戴,当地百姓对其事迹历代口耳相传。后来,玉山人民感其恩德,为其建庙立像,世代供奉,尊称其为"真君大帝"、"茶神",四季朝拜,从此玉山就形成了许逊崇拜。人们每年举行隆重的庙会纪念他,从而有了茶场庙庙会活动的雏形。宋代起,人们重建庙宇,并在边上建茶场,庙宇被称为茶场庙。后又形成了以茶叶交易为中心的重要聚会——春社和秋社。春社时节(正月十五),当地茶农盛装打扮

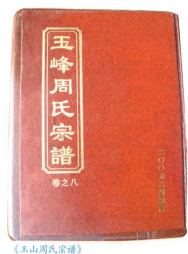

《玉山周氏宗谱》

《玉山竹枝词》书影

来到茶场，祭拜茶神，并在茶场内举行演社戏、挂灯笼、迎龙灯等民俗文化活动，热闹程度正如《玉山竹枝词》所云："茶场山下春昼晴，茶场庙会春草生。游人杂遝香成市，不住蓬蓬社鼓声。"[1]而秋社（农历十月十五）活动又别具一格，茶农和百姓带着秋收后的喜悦，拎着茶叶和货物，从四面八方到茶场赶集，形成了盛大的传统庙会。其间，还有"三十六行"、"叠罗汉"、"抬八仙"、"骆驼班"、"盘车"、"八童神仙"、"大花鼓"等各种丰富多彩的民间艺术表演及"迎大旗"、"迎大凉伞"等民俗活动。特别是"迎大旗"，以竹为杆，以绸为旗，旗大十丈许，画上人物龙虎，旗大者升之需百余人。

[1]《玉山竹枝词》，清代玉山名士周显岱作，记载于《玉山周氏宗谱》。《玉山周氏宗谱》，清朝嘉庆年间修，2005年重修。

农历十月十五赶茶场盛况

据当地老人说，最多的一年，共有三十六面大旗在茶场庙迎出。有一首咏大旗的《玉山竹枝词》："十月中旬报赛忙，茶场卜得看场狂。裁罗百幅为旗帜，高揭旗杆十丈强。"[1] 便是秋社时茶场庙庙会民俗文化活动的真实写照。无论春社还是秋社，当地及周边的人们、茶叶等货物、民俗活动、民间艺术表演等都要声势浩大地"赶"到茶场来，这一传统民俗事象就叫做"赶茶场"。

赶茶场的一大特色就在于这"赶"字上。庙会期间，玉山区域及周边地区的群众都纷纷"赶"到古茶场来聚会，邻近地区的商人也来此设摊布点，当地茶农以茶待客，古茶场充满了恭敬、和睦的

[1]《玉山竹枝词》，清代玉山名士周显岱作，记载于《玉山周氏宗谱》。

农历十月十五赶茶场人群摩肩接踵

气氛，喜气洋洋，热闹非凡，从而形成声势浩大的赶茶场民俗文化活动。

　　赶茶场民俗文化活动千年来经久不衰，经历历史的风雨一直传承至今，经多方挖掘、整理、保护，逐渐凸显出其极高的文化价值。2006年，赶茶场被列入磐安县、金华市两级首批非物质文化遗产名录。2007年，赶茶场被列入第二批浙江省非物质文化遗产名录。2008年，赶茶场被列入第二批国家级非物质文化遗产名录。

赶茶场的起源与历史沿革

赶茶场以许逊的传说和对许逊的崇拜为核心。其原始形态始于唐，宋、元、明、清各有发展。

茶场庙

吹先锋

游茶山

民间表演

赶茶场的起源与历史沿革

[壹]"茶神"许逊与玉山

　　赶茶场以许逊的传说和对"茶神"（许逊）的崇拜为核心。许逊（239—374年），字敬之，东晋道士，净明道派尊奉其为祖师。他还是著名的治水专家，著有《灵剑子》等道教经典。许逊祖籍河南汝阳。东汉末年，社会动乱，其父许肃避难来到南昌，三国吴赤乌二年（239年），许逊出生在南昌县长定乡益塘坡慈母里村。据说，许逊是天人感应后的结胎，他的母亲因为感风珠随腹而生下了他。

　　关于许逊，有一成语世人无不知晓——一人得道，鸡犬升天。相传许逊一百三十六岁时的八月朔日，有仙人自天而降，奉玉皇之诏，授予九州太史高明大使。许逊果然于八月望日举家四十二口拔宅飞升，鸡犬随之，得道于西山。

　　许逊生而聪颖，姿容伟秀，少小通达，与物无忤。祖父许琰、父亲许肃皆

许逊

为修道之人。许逊自小耳濡目染，于天文、地理、阴阳、纬纤等道学皆有所涉及。许逊五岁入学，十岁通晓经书，少时以射猎为业，一日入山射鹿，其鹿有孕，鹿胎堕地，母鹿舐其崽而死。许逊怆然感悟，折弩而归，始栖托西山金氏之宅修道，精通经、史、天文、地理、阴阳五行，尤爱道家修炼之术。二十六岁时跟随吴猛修道，又与名士郭璞为友，吟诗作赋。许逊潜心修炼，不求闻达，后世奉其为道教"净明道"派创始人，人称许真君。

许逊曾两次被乡人举荐为孝廉，坚辞不受，后终因朝廷屡加礼命，难以推辞，当了四川旌阳县令。在任十年，居官清正，去贪鄙、减刑罚、重教化，使旌阳人民得以休养生息。有一年瘟疫流行，许逊用秘方治病，求医者日以千计。邻县人民仰慕他的德政，纷纷迁入旌阳，旌阳因此人口大增。后许逊挂冠东归，见南昌一带久受洪水之患，决心治水，奔波操劳二十年，深受百姓爱戴。许逊同时又爱好道家修炼之术，后来成了与东汉的张道陵、东晋的葛洪、金末元初的丘处机齐名的中国道教四大天师之一。因他潜心修道，关心百姓疾苦，被后世几代皇帝赐封，世称"真君大帝"。

本地相传，晋时有一年，许逊游历玉山，见山野茶树遍布，质量上乘，心中喜欢。可由于玉山地处偏僻、交通不便、消息闭塞，又缺乏加工炒制技术，茶叶卖不出去。无奈之下，茶农只好砍了茶树当柴烧。许逊深为惋惜，于是就住了下来，帮助茶农一起种茶，并与茶

真君亭

农一道研究加工工艺，利用高山云雾茶叶特色，制成"婺州东白"，得到各方茶客一致好评。茶农们敬重许逊知识渊博，能为百姓救苦解难，又有一手种茶制茶的好技术，都希望他能长住下来。但许逊志在云游天下传道世间，茶农见苦留不住，临别时又送了一些茶叶给他。许逊把带走的玉山茶叶送给其他道观的人，人们喝了都纷纷称赞，玉山茶叶的名声于是迅速传播到各地。又传，有一次碰上某地疫病流行，他把玉山的茶叶煮成汤给人喝，竟把当地的疫情遏制住了。茶的确有很多疗效，其中的有机化合物就达四百五十种以上，而无机矿物营养元素则达十五种，因此茶叶中的草药成分及其药理功能就有止渴、解热、助消化、消除疲劳、解毒、利尿、明目等功效。《神农本草经》就记载："神农尝百草，日遇七十二毒,得茶而解之。"
《本草·木部》也载:"茗,
苦茶,味甘苦,微寒,无毒,
主瘘疮,利小便,去痰渴热,
令人少睡。秋采之苦,主下
气消食。注云:春采之。"从
此,玉山的茶叶声名远播,
到玉山买茶叶的客商纷至
沓来,玉山的茶农再也不愁
茶叶卖不出去了。

"真君大帝"牌匾

玉山茶农感其恩德,为
纪念许逊功绩,便尊许逊为
"茶神",在茶场山之麓建

造庙宇,塑了神像金身,四季朝拜。直至现在,每年春茶开摘之日必
定先祭拜茶神,然后才上山采摘。

本地还相传,茶场庙原是建在离马塘村约二里路的一个山谷
中,因当年许逊在那里亲自栽培了几株茶树,所以后人就在那里建
庙纪念。北宋年间,某夜天降大雪。翌日,雪已有半尺之厚。早起的
人们发现从原茶场庙(现在龙王庙)的地方到现在的茶场庙处有一
行清晰的脚印,然后脚印便神秘地消失了,地上留下一张瓦。人们感

到奇怪，纷纷猜测是"真君大帝"许逊显灵，认为留有瓦片处的庙基好，想迁移到这里来。于是人们遵从"茶神"意愿，迁庙到现在的茶场庙处。新的茶场庙建成后，果然年年风调雨顺、五谷丰登，玉山的茶叶生产发展也更快了，并以茶场庙为中心，迅速形成了相当规模的民间茶叶交易市场。在这样的形势下，朝廷也很看好这个地方，就在茶场庙边上建了茶场，统一管理茶叶的种植、制作和销售，于是民俗文化活动也出现并丰富起来，赶茶场的人气也越来越旺。

据当地老人说，从前祭茶神时，选第一蓬开摘的茶，都要到现

"黎民永赖"匾额

在龙王庙处采摘许逊亲自栽培的茶叶，摘下的茶叶首先请"茶神"许逊品尝。但后来，随着历史的变迁，又加之缺乏专人管理，许逊亲自栽培的的茶树已不存，于是人们只好就近在其他茶山上选择茶树采摘。古代选择茶树的方法是担任主祭师的

采访当地老人

"山人"（道士）带着巡游茶山的队伍在茶山上走，然后山人"茶神附体"得到了指示，选定一株茶树采摘，再拿回来恭恭敬敬地奉在茶场庙的神案上。

[贰]赶茶场的起源

再一次提起这个玉山人民世代相传的传说：晋代许逊游历玉山，为玉山茶叶的种植、制作、销售作出了贡献，玉山人民感其恩德，为其建庙立像，四季朝拜，并每年举行隆重的庙会纪念他，这是赶茶场民俗的最初成因。

真正的许逊崇拜始于唐代，唐人盛传许逊事迹，重点讲"孝"，将其仙化。唐高宗与武周时期，净明道法师洞真先生胡慧超修复许逊纪念地西山游帷观，还著书宣扬许逊孝道，自言许逊、吴猛二君尝授其延生炼化，超三元九纪之道，能檄召神灵、驱雷雨，曾参与陶

弘景校茅山华阳洞《太清经》七十卷，胡慧超还曾被武则天以蒲轮召之，赐洞真先生，从而许逊崇拜盛极一时。玉山茶文化是以许逊崇拜为核心的，在唐代，玉山人民对许逊崇拜有加，就以各种形式祭祀许逊。

再来说"婺州东白"。唐时，玉山茶叶不论是产品种类还是加工制作，或是运销贸易，以及品饮艺术，都已相当发达，特别是"婺州东白"。唐代茶圣陆羽所著的《茶经》中就有"婺州东阳县东白山与荆州同"的记载。唐宝历元年（825年）李肇的《国史补》有载："风俗贵茶……婺州有东白。"这是关于磐安茶叶的权威记载。唐代，中国共有产茶地十三省四十二州，列贡茶十四目，"婺州东白"作为名茶，排名贡茶第十位。中国茶政起源于唐，是国家对茶叶种植、加工、储运、经销、进贡等制定政策和法规进行管理，税茶、榷茶、贡茶、茶纲、茶马市制度均属茶政。贡茶又是茶政当中的最早形态，是古代地方进贡给包括皇帝在内的王室专用茶。贡茶源于周武王时期，但那时未形成国家政治制度，仅仅是诸侯向王进献礼品。到唐代时，贡茶作为制度已经很发达，贡茶除上贡外，还专门在重要的名茶产区设立贡茶院，由官府直接管理，细求精制，督产各种贡茶。"婺州东白"产自玉山，贡茶制度使得茶叶"婺州东白"的制作技术更加精良，产品质量更加优异，同时对增进地区联谊、发展驿道交通也起到了推动作用。唐代是我国封建社会的鼎盛时期，政治上的

"婺州东白"茶叶

稳定，促进了经济上的繁荣，也为玉山的茶叶生产和贸易提供了良好的社会基础。因此，唐代时，玉山以茶叶为核心的集市贸易已较为兴盛。

再者，"婺州东白"被列为贡茶，茶叶的质量肯定上乘，备受宫中皇族的喜欢，茶叶的种植面积具有一定的规模，以保证每年茶叶都有相当的数量，才能保质保量完成贡茶的征收任务。因而在唐代，玉山的茶叶生产和民间茶叶贸易市场应该已有相当的规模。

由上可知，玉山赶茶场的原始形态始于唐。

宋代的许逊崇拜又上了一个层次，宋政和二年（1112年），宋徽宗封许逊为"神功妙济真君"，为其观赐额"玉隆万寿"。这个时期，玉山的许逊崇拜也相应更盛。传说中，玉山人民把纪念许逊的庙宇从旧址迁至现今的茶场庙，并扩大茶场庙庙宇规模，以供奉祀祭拜。

宋代是我国茶叶生产飞跃发展时期，茶的种植面积和区域不断扩大，产量也大有增加，茶已成为极其重要的经济作物。这时的玉山已不仅仅是贡茶采集点，也是北宋的榷茶基地。"榷茶"就是官府征购民间茶园，规定茶的生产贸易，经营、控制和监管茶叶的专卖。据《东阳玉山周氏宗谱》中赵基所撰《濮山先生传》记载："先君子尝访之玉山，著屐同登茶场山，蹑崖峻步，岩磴直跻其巅。茶场山者，故宋所榷茶地也，设官监之，以迎御命，曰'茶纲'。"从这段文字可以看出，茶场之设应早于宋代。宋时，茶场已经"设官监之"，也就是说在这里已有专门的官方管理机构。这个管理机构的使命是"以迎御命"，也即"茶纲"，就是负责挑选上好的茶叶以供皇室宫廷之用。清人陈发也作诗："宋之南有榷茶地，其山如绣茶如簪。一枪一旗闹初旭，谁与采者头氄氄。"[1]可见这时的玉山茶场一带已有较大规模的茶叶集市活动，相应的赶茶场活动也已较盛。宋代时的玉山茶场已不同于一般的古代茶场，具有很高的地位。在宋代，为皇室宫廷采办花草湖石的称为"花石纲"，在杭州设置制瓷的窑称为"官窑"，从这个意义上说，玉山茶场应是"官茶场"。而这种"官茶场"的设置是非常少见的。

《浙江通志》[2]中《东阳山水记》载："唐、宋时有司常治茶于此，设茶院。"《磐安县志》[3]也载："北宋开宝七年（974年），东阳县设瑞山玉山巡检司，各有派巡检一员，兵九十八。"可见这一历史时期磐安茶叶经济在官方控制之下是毫无疑问的。

宋代，玉山地区的许逊崇拜得到了加强，又有了固定的榷茶基地——古茶场。玉山茶场是古代大型的茶叶交易市场，而赶茶场最

[1] 清代玉山名士陈发作，题为《茶峰晓翠》，记载于《玉山周氏宗谱》。
[2] 《浙江通志》，清代嵇曾筠作，李卫等修，沈翼机、傅王露等纂。
[3] 《磐安县志》，浙江人民出版社，1993年12月版。

初的活动内容就是茶叶贸易，可以说，玉山古茶场是随着浙江茶叶的兴起而发展起来的。宋代开始，玉山不仅有榷茶的场地，而且还是茶叶集散地，成为宋代制作购销茶叶的专门场所。

在宋代，玉山地区茶叶生产的政治环境、社会环境都十分优越，茶叶生产也得到了迅猛发展。赶茶场民俗文化活动和当地的茶叶生产及贸易是紧密联系在一起的，它们相辅相成、相互促进，是一个不可分割的整体。在这一阶段，赶茶场民俗文化活动得到发展，并形成赶茶场节日和多姿多彩的赶茶场文化。因而可以说赶茶场活动的成形始于宋。

赶茶场活动涉及玉山地区的各村各户，自古以来就与当地的茶叶生产紧密相连，对于玉山人民的意义重大。

[叁]赶茶场的历史沿革

元代，蒙古族入主中原，玉山地区出现起义抗元斗争，玉山的茶叶交易一度衰退。据《磐安县志》载："杨镇龙，又名应龙，字子翔，原籍宁海松坛。幼习韬略，尚武功，宋末登进士第。元军陷临安（今杭州）后，曾与文天祥、谢叠山等合兵抗元。后元将张弘范执文天祥于玻岭，破张世杰、陆秀夫于崖山。陆秀夫负卫王昺投海，张世杰因飓风坏舟溺死。杨镇龙即回宁海，组织义军，曾攻占宁海、象山。至元二十六年（1289年）入据玉山，以二十八都、二十五都（今万苍、玉峰、岭口等乡）为基地，杀马祭天称尊。封厉森为右相、楼蒙才为左相，称'大兴国'。国号'安定'，称是年为'安定元年'。号称大军二十万，兵分两路：一路由杨镇龙自率，破东阳，焚烧县城，继趋义乌，浙东大震；另一路由部将唐仲率领，攻新昌、天台并在嵊县龙兴山建营垒，曾于新昌长潭大败元军，杀千户崔武德。元朝廷命谪婺州之储王瓮吉带与丞相莽哈岱领军镇压，与镇龙军相遇于义乌，镇龙军溃。瓮吉带又与浙东宣慰使富弼合兵，击败唐仲所率义军，并攻取义军之根据地玉山。杨镇龙兵败后，余众坚持斗争年余。"

杨镇龙其实是个书生，喜欢习武，懂得兵法。他以玉山的岭口、万苍、尖山等地为大本营，建"大兴国"，玉山人民义无反顾地大力支持起义。因此，杨镇龙兵败后，玉山地区遭到了元朝廷的疯狂屠杀和残酷血洗。如古临泽这样的大村，整个村子几乎惨遭毁灭，留下的人也躲避隐居到别的地方，所以现在的林宅村，周姓人家只剩一两户了。在这样的情况下，玉山的茶叶生产和赶茶场的民俗文化活动受到严重影响。

明代是玉山茶叶生产继往开来的重要时期，也是赶茶场民俗文化活动特别兴盛的时期。其时，玉山茶叶生产重现生机，茶树栽培和茶叶加工技术更趋成熟并逐渐定型，尤其是炒青制茶工艺的普及，带来了饮茶方式的大变革；名茶新品又不断崛起，茶叶还源源不断输往国外；同时，官府又在古茶场设立巡检司，对茶叶的生产和销售实施全方位的管理。所以，此时磐安玉山的茶叶生产发展很快。历史上的巡检司是我国古代最基层的行政机关,行使行政管理权,负责维护乡村社会秩序,担负保障乡村社会相对和谐的职责。巡检司还有弓兵,各巡检司拥有的弓兵少则十数名,多则上百名。在古茶场专门设置巡检司,说明了当时官府对当地茶叶生产的重视和对茶叶生产销售的规范,也说明了当时玉山茶叶生产已有相当的规模和档次。此外,这时的茶叶也严格区分等级,分为"博士茶"、"文人茶"、"马路茶"等,还产生了诸如"分茶"、"斗茶"、"猜茶谜"等高雅的茶文化。据老人介绍,在那时候的春社和秋社的社日,在社戏开始前都要开展品茶活动,评出优等茶和劣等茶。参与者为当地的茶博士、文人和地方乡绅。评出好茶之后,人们就将好茶泡起来,置于煮茶亭中,在乡亲们观灯猜谜时作奖赏之用,猜对者奖好茶一杯,猜错者罚劣等茶一杯。种植的茶叶被评上好茶的茶农,披红挂彩,接受嘉奖。此类活动一直沿袭到清末民初,据说民国初年还偶尔搞过几次,直到抗战时期才销声匿迹。还有,这个时期的茶场功能也渐渐发生了变化,除了茶叶外,还增加了药材和粮食的交易,茶场逐渐向综合性农副产品交易市场转化。

这个时期的赶茶场民俗文化活动十分兴盛,以茶叶交易为中心的两个重要庙会节日——春社和秋社逐渐形成。其时,茶场庙人山人海,万人空巷,各种民间艺术节目齐集亮相,商贾设摊布点,茶农以茶待客,明代是赶茶场民俗文化活动的成熟和鼎盛时期。

清代，玉山的茶叶生产又经受了一次战火的洗礼。载一组史料："顺治三年，明汉阳总兵郭士捷于玉山桥头打败清将赵小仇。""南明江干兵败，开远伯吴凯兵伏玉山。马士英书招凯降清。凯答书辱之。方国安、马士英一骑兵围攻玉山。凯自刎于实相寺，死千余人。""顺治五年，……玉山、安文、方前、盘山等地多处扎营。又有徐守平于仙居起义反清。兵败后据县之八保山一带活动，与白头军合作。至顺治十五年方被清军镇压。"[1]可以说，清代初年玉山战火连连。

1647年，抗清名将吴凯率领军队和当地百姓，以磐安玉山为根据地，奋起抗清，地域遍及八个县市，后被清军围于玉山实相寺，吴凯自刎。1648年，磐安县双峰乡的明代武官羊吉率旧部造反，后被清军血腥镇压，这一带十年之内都不闻鸡鸣之声。与此同时，磐安玉山的山民百姓又在玉山元里村人周钦贵的领导下头披白巾起义，史称"白头军"，一直坚持十多年才被清军镇压下去。清政府惧怕此地偏远，人民造反不易镇压，就把东阳与永康的一部分，台州所辖的天台和仙居的一部分，丽水所辖的缙云的一部分划出来，单独设县管理，并取了个强烈反映统治者意愿的县名叫"五平县"。因此，在清初那段时期，玉山的茶叶生产和赶茶场民俗文化活动处于低谷。

---

[1] 记载于《磐安县志》。

不过这段时间不长，到了康熙、乾隆年间，政局又处于平稳，出现康乾盛世。朝廷对茶叶的生产和贸易也比较重视，因此磐安玉山的茶叶生产很快得以复苏。至清中叶，朝廷委派东阳县衙对古茶场进行管理。

这个时期的赶茶场民俗文化活动仍按明代春社、秋社的形式和习俗每年举行。清人周昌霁[1]集资捐款重新修缮茶场庙与茶场后，以他为首的茶场庙管理组织成立，负责具体安排赶茶场期间祭祀活动和民间艺术表演等事宜。赶茶场的管理组织，自乾隆之后还是世代沿袭，人员仍由玉山区域各乡村的首领和宗族首领组成，他们共同负责，以保证赶茶场民俗文化活动的正常化、经常化开展，直至今日，盛会不衰。

[肆]赶茶场的文化展示舞台

赶茶场是以茶场庙庙会为依托，以古茶场为主要文化展示舞台而展现的民俗文化活动。

玉山古茶场位于玉山马塘村的茶场山下，是宋代的"榷茶"基地。古茶场建于宋代，历史上地处由婺州通往天台、新昌、宁波的古驿道旁。《玉山周氏宗谱》在注释《玉山竹枝词》时曾记载："茶场山

---

[1] 周昌霁，字旭祥，号拙斋，清乾隆年间玉山人，读书极敏悟，岁贡生。生平留心经济之学。晚年，日坐静室，子史百家及岐黄堪舆星命之术，无不深究其本。《卓斋诗稿》流传教广。昌霁至性纯笃，曾云"学不在空言，在有用"，并最早发现当时被誉为"江南五才子"之首的叶蓁之才能，聘叶蓁为玉山草堂塾师，竭力倾助使之成名。

在玉峰山右二里,下即茶场庙,宋时建。"

　　古茶场坐北朝南,由茶场庙、管理用房和交易场所三个部分组成,结构保存完好,建筑面积达1500多平方米,占地面积则达2940平方米。从左到右,茶场庙、管理用房和作为交易场所的茶场一字排开。

　　茶场庙现存建筑建于清乾隆年间,由门楼、天井、大殿三部分组成,地方不大,却是古茶场的重要组成部分。主脊檐、二脊檐都

俯瞰玉山古茶场全貌

绘刻着石雕与壁画，大门上方有清代玉山名流周昌霁手书的"茶场庙"石匾，天井用卵石铺就，大殿为一三开间的建筑，其结构是明间为九檩、前后栏四柱的抬果式。次间山墙为九檩五柱的穿斗式结构，大殿三间柱头置栌斗，梁架绘有彩绘。明间金檩下方雕有双龙以及寿、福、禄图案，次间金檩下方雕有蝙蝠图案，牛腿雕有花瓶、花草、动物等图案，屋脊中间置有葫芦定风叉，鼓形柱础呈方形，明间鼓形柱础雕有双龙图案，明间地面石条铺砌。大殿中供奉着茶

茶场庙外景

茶场庙内景

周昌棠手书"茶场庙"石匾

神,这茶神与其他地方的不同,其他地方的茶神大多是陆羽,而这里的茶神则为许逊。

古茶场中间为管理用房,这管理用房就是历代管理茶场的官吏住宿和办公处理公务的地方,古代朝廷官员在此征税。清咸丰二年,在此处立了三块碑,分别为:"奉谕禁茶叶洋价称头碑"、"奉谕禁白术洋价称头碑"以及"奉谕禁粮食洋价称头碑"。在当时,当地政府直接派员对茶叶市场进行管理。其实从宋代开始,一直到清代晚期,官府对玉山茶

茶场庙内的雕梁画栋　　　　　庙内的对联匾额

壁画

观音禅院门碑

叶市场进行管理的情况一直存在，持续时间七百余年，这样的例子在我国历史上是比较少见的。现今，管理用房已成了观音禅院。

最左边就是茶场了，它是古代的茶叶市场，茶场由前后三进和两侧厢房组成，建筑秩序井然。前后两进房子均为五开间，中三间为厅堂，两侧为厢房。厅堂、厢房围成一个大四合院（大天井）。整座建筑是清末民初时重建的，为一上下两层的楼式建筑。楼下为交易场所，在民国初年，每逢市日（即交易的日子），四乡八村、十里八里的人们便到这里赶市。楼上的结构为四面通连的走马楼，即楼前面用廊连通。其整个楼的功用可分为三个部分。一是前面的廊为整个建筑楼的通道，便于楼上各个部分的联络。二是"榷茶"之所。据当地老人回忆，每年春秋茶叶

清代官立石碑

观音禅院内景

茶场楼上的结构为四面通连的走马楼

后院宋代古井

上市之际，整个茶场汇集各地茶商，由官府派当地管理茶场的官员主持"榷茶"。当地茶农将不同等级的各色茶叶送至楼上，由茶博士当场冲泡，根据茶叶的色、形、味、香等确定茶叶的等级以及价格，然后进行交易。被评定为上品的茶叶悉数收为"贡茶"，其他的则由各地汇集而来的茶商进行自由交易。三是楼上的其余场地，以供各地茶商住宿及堆放茶叶之用。茶场里原本还有一个飞檐翘角的戏台，听老辈们说，戏台上有龙凤、葫芦定风叉等雕刻，精工细作，堪称这里的建筑经典。从中间一进两侧的简易楼梯拾级而上，楼上便是古时观戏的观众台。古时候，也正是在这台子上，人们开展"斗茶"、"猜茶谜"等游戏。

国家文物局古建筑专家组组长、中国文物学会会长、全国历史文化名城专家委员会副主任罗哲文，国家文物局的古建筑学家吕济民、谢辰生，浙江大学教授谢咏恩，浙江省旅游规划设计院吴伏海等，先后到玉山古茶场考察论证，认为像这种具有市场交易功能的古建筑

茶场内景

茶场厅堂、厢房围成一个大四合院

茶场门碑

在国内十分罕见，特别是有关茶叶市场的古建筑更是独此一家。磐安古茶场的发现，填补了我国此方面建筑领域的空白，这对研究我国古代茶叶发展、茶文化和古代市场建筑艺术均具有十分重要的价值。罗哲文赞叹，玉山古茶场堪称我国茶业发展史上的一块"活化石"。

玉山古茶场曾在乾隆辛丑年间重建，玉山马塘村周昌霁带头集

资捐款，重新修缮茶场庙与茶场，并建立了以他为首的茶场庙管理组织，安排赶茶场期间的祭祀活动和民间艺术表演等具体事宜。《玉山周氏宗谱》中记

罗哲文对玉山古茶场进行考证

茶场内景

载："国朝乾隆庚子，先君子拙斋（周昌霁）府君捐资重建。"茶场内至今还保留着乾隆辛丑年间的对联匾额。现已是耄耋之年的玉山铁店村周邦传老人也介绍说茶场庙重建于乾隆年间，与文相符。后多次遭毁，晚清与民国重修过两次。载两则史料：

罗哲文为古茶场题词

"……茶场庙与君隔一牛鸣地，毁于台匪，官厅以地当玉山冲要，粮厂警局，均资驻扎，照会各都绅董，刻期建复。

2004年12月，罗哲文、谢辰生等人考察古茶场后合影

2006年，国务院将玉山古茶场列为全国重点文物保护单位

君先出资倡率，各董往来，午至则予餐，暮至则予宿，几筵丰美，呼应灵通，无不倚君东道主焉。"

——《东阳玉山周氏宗谱·太学生荔洲君行述·周继善》

"……洎乎'七七事变'，奉令动员抗敌，连年奔波，备尝辛苦。及闻慈母见背，即捐官回家丁忧，服即阕，任岭口乡长，为地方服务，劳绩也著。茶场庙为旧玉山七都共有，其房屋欷产，无人整理，以致倒塌失管。先生乃本大公无私之真诚，发起组织茶场庙管理委员会，捐募巨资，修葺焕然一新……"

——《东阳玉山周氏宗谱·周竹香先生六旬晋三寿序》

新中国成立初，茶场被集体征用。"文化大革命"期间，由于人们没有文物保护意识，没有认识到古茶场的历史文化价值，对其破坏巨大，幸好建筑未遭毁坏。20世纪90年代，古茶场璞玉重光。

古茶场大牌坊

1992年，由当地张路遥等人重新组织了茶场庙管理委员会，并通过集资先后赎回全部房屋。1994年，人们重修庙宇。2001年8月，磐安县人民政府将玉山古茶场列为磐安县文物保护单位。2004年10月，浙江省文物局向国家文物局呈送了《关于推荐玉山古茶场为第六批全国重点文物保护单位的报告》。2005年3月，浙江省人民政府将玉山古茶场列为第五批浙江省文物保护单位。2006年5月，国务院将玉山古茶场列为全国重点文物保护单位。时任浙江省委书记习近平视察古茶场后亲自批示，省政府拨款五百万元用于古茶场的修缮和保护。2006年10月，为了加强玉山古茶场的管理，县编制委员会批文组建玉山古茶场文物保护所，组织三名职工进行管理。

玉山古茶场保护开发大事记：

2004年12月9日，国家文物局古建筑专家组组长罗哲文率国家文物局、建设部专家团对玉山古茶场进行考证。罗哲文赞叹，玉山古茶场堪称我国茶业发展史上的"活化石"。

2005年3月，浙江省人民政府将玉山古茶场列为浙江省文物保护单位。

碑林

2005年4至6月，磐安县开展茶文化史料征集整理保护工作，征集到有价值的民间史料五十余份，实物十余件，形成档案十五个卷宗。

2005年5月25日，县委书记徐建华、副书记黄福良到玉山古茶场就保护开发问题进行调研，提出"在古茶场周边建设万亩茶叶基地"，"古茶场保护开发三年初见成效、五年接待游客"的思路。

2005年6月7日，副省长茅临生视察玉山古茶场，就古茶场保护开发工作提出了具体要求，并拨出五十万元专款用于古茶场茶叶基地建设。

2005年6月10日，原浙江省委副书记、中国国际茶文化研究会会长刘枫在省工商行政管理局局长郑宇民的陪同下考察玉山古茶场，并题词"发掘玉山古茶场、弘扬中国茶文化"。省工商行政管理局拨出十万元支持古茶场保护工作。

2005年6月，完成茶场庙内两户农户的搬迁工作。

2005年7月4日，金华市市长葛慧君视察玉山古茶场。

2005年7月，县工商局将与玉山古茶场相关的"许逊"、"茶场庙"、"玉峰古茶"、"茶场山"、"古茶场"、"古婺东白"、"茶场东白"、"婺州古贡"、"玉峰古贡"和"茶场春"这十个名称注册了商标。

2005年8月16日，金华市委书记徐止平视察玉山古茶场。

2005年11月2日，省文化厅副厅长、省文物局局长鲍贤伦视察玉山古茶场。省文物局拨出五十万元作为古茶场保护的启动资金。

2006年5月，国务院将玉山古茶场列为全国重点文物保护单位。

2006年6月13日，时任浙江省省委书记习近平视察玉山古茶场，说："这里的茶叶很好，水也好，有点甜味"，"这个点我看了后开了眼，很受启发"，并嘱咐当地的领导"要保护开发好玉山古茶场，主要是保护好，在保护中也有一定的利用，在开发中继续弘扬"，并就玉山古茶场保护的具体工作作了重要指示。

2006年9月，浙江省人民政府拨出五百万元专款用于玉山古茶场保护工作，年底又追加了五十万元。

2006年9月19日，县委书记施彩华到玉山古茶场现场办公，就保护开发的重大问题作出决策。

2006年10月，经"县编委会〔2006〕12号文件"批准，组建玉山古茶场文物保护所。

2006年11月，完成玉山古茶场前四户农户二十三间房子拆迁。

2006年12月15日，《玉山古茶场中心村建设规划和旅游总体规划》经过一年时间的编制，邀请省、市、县著名专家进行了讨论会商。

2006年7月至2007年1月，实施第一期修缮，玉山古茶场本体完成修缮。

2007年3月15日，浙江省人民政府重新划定公布了玉山古茶场保护范围和建设控制地带。

2007年4月3日，县长张荣贵视察玉山古茶场。

2007年5月，县政府确定"磐安云峰"为磐安县茶叶主打品牌。

2007年7月8日，由清华大学建筑设计院编制的《玉山古茶场保护规划》论证会在花台山宾馆召开。

2007年6月，迎大旗、岭口亭阁花灯、赶茶场等重要民俗文化活动被列入浙江省非物质文化遗产名录。

2007年5月至11月，实施第二期修缮，完成茶场庙、茶场管理用房等处的修缮。至此，古茶场本体的修缮基本完成。

2007年11月，在县委工作组的帮助下，完成玉山古茶场右侧四户农户和供销社四十间房子的拆迁。

赶茶场的基本内容和形式

具有千年传承历史的赶茶场活动，在历代传承中，逐渐形成了以茶叶交易为中心的赶茶场重要聚会——春社和秋社。

凉伞

祭品

斗

茶姑娘

赶茶场的基本内容和形式

具有千年传承历史的赶茶场活动，在历代传承中，逐渐形成了以茶叶交易为中心的赶茶场重要聚会——春社和秋社。"社"在中国文化中原指土地之神。农耕时代，人们对土地十分崇拜，每年都举行祭祀土地之神的活动。祭礼社神的日子叫"社日"，一年两次，春季举行时叫春社，秋季举行时叫秋社。春社祈谷，祈求社神赐福、五谷丰登；秋社报神，在丰收之后，向社神报告丰收喜讯，答谢社神。

春社的社日原来是在春茶开摘前，立春后的第五个戊日。但这时正是山乡农活最多的时候，人人忙得不可开交，无疑对活动形成一定的制约。久而久之，春社就提前到正月十四、十五、十六三天，与本地最热闹的元宵节合二为一了。春社的活动内容和形式除了与秋社基本相同的祭茶神、演社戏、茶俗文化等外，主要的是迎龙灯、挂灯笼等。

至于秋社，原来是在立秋后的第五个戊日。清中叶以后，延迟到农历十月，其时农事基本结束，进入空闲季节，当地又传说十月十六是"真君大帝"许逊的生日，因此便逐渐固定在农历十月的

十四、十五、十六，时间则由一天延长到三天。社日时间的延长，也反映了当时当地人口的增多和商贸活动规模的扩大。在这种情况下，文化娱乐活动也增多了花样和形式，同时，规模逐渐扩大，档次也不断提高。与春社相比，秋社活动别具特色。秋社是在秋收之后，百姓已进入农闲季节，经过一年来的忙忙碌碌、辛辛苦苦，很想庆祝娱乐一下，同时也想趁机会会亲朋好友。随着时代的发展，商品经济也日渐发展起来，所以越到后来，秋社就越带有庙会和物资交流的性质。当然还有重头戏民间艺术表演，越是到后来，民间艺术表演内容就愈加丰富多彩，规模也越来越大，节目的质量也就越来越好。秋社期间的民间艺术表演节目，有"迎大旗"、"迎大凉伞"、"叠罗汉"、"三十六行"、"兴案"、"拜斗"、"盘车"、"八童神仙"、"大花鼓"、"骆驼班"等多种形式。物资交流大会也是秋社的一大特色，春社时虽然也伴有物资交流，但由于社日时值元宵，主要还是以"祭茶神"、"迎龙灯"为主。到茶场庙赶会场的人也是以玉山八都为主，外地人不多，买卖的东西也仅限于一些农具，其他品种不多。秋社则不同，秋社之时，到古茶场进行买卖的物资种类大大增加。当地农民在秋收之后，出售了茶叶、药材和粮食，手中有了一定的闲钱，同时，造房、结婚也都在这一时期为多，又逢快要过年，需要置办的东西就多。所以，各种生活用品、山货、家具、农具等云集古茶场，商人从四乡八村以及邻近的新昌、天台、嵊县、义乌等地来此设

摊布点，使得秋社人气大大超过春社。所以，赶茶场最大的特色就在于"赶"字上。庙会期间，玉山及周边地区的群众都纷纷"赶"到古茶场来聚会。

[壹]秋社

秋社的基本内容和形式，主要有祭茶神、演社戏等民间艺术表演及商贸交易和走亲访友等。

（一）祭茶神

"茶神"是汉民族民间信仰的神祇之一，玉山地区的"祭茶神"具有自己的特色。在玉山，百姓认可的"茶神"不是茶圣陆羽，而是有恩德于玉山的"真君大帝"许逊。最初的"祭茶神"是各家各户自己的事，茶叶开采之前，大家都要在自己的家里祭拜。后来，随着赶茶场民俗文化活动的兴起，"祭茶神"也就与其他民间艺术节目一样，逐步发展成为地方上的公众活动，大家都到茶场庙统一"祭茶神"。再后来，赶茶场民俗文化活动形成春社、秋社两个基本固定的节日，"祭茶神"活动形式也逐渐走向正常化和规范化。"祭茶神"作为必不可少的活动项目，

祭茶神

祭茶神仪式

受到特别的重视，并逐渐形成了一整套山乡"祭茶神"的独特仪式。同时，随着茶场从单一的茶叶交易场所演变成药材、粮食等一并交易的综合性市场，"祭茶神"活动也演变成祈求风调雨顺、国泰民安的祀神活动，相当于道教中的"做福"，原本茶事的因素则相对减少。

民国时期"祭茶神"的仪式，老人们还记忆犹新：祭祀的筹备事务，由各乡按年轮流备办和主持，称为"值年"。因"真君大帝"许逊不是佛而是神，因此要用"三牲"福礼。"三牲"在中国传统文化中称"太牢"，是祭祀用的供品，一般为牛、羊、猪，而玉山祭神所用的"三牲"有自己的特色，是羊、猪、鸡，没有牛。因为在玉山民众的观

三牲之羊

各类祭品

念中，牛帮助人们耕田，促进农业生产，是勤恳、善良、忠诚的牲畜，不应作为"牺牲"祭神，如若以牛祭神，神也会不高兴的。祭祀仪式由巫祝（道士）主持，主祭人员为民众评选出来的茶博士和地方乡绅。摆供、上香、诵经、赞颂、祭告等仪程与磐安附近地区基本相同，但也有

自己本地的特色。流传至今的仪式具体如下：

1.祭前准备。祭祀人员首先将祭品供于祭桌上，祭品有猪、羊、鸡及瓜果菜肴、黍稷稻粱、玉帛等，鼓乐手和八面蜈蚣旗与若干面五色旗分别列于门口两侧。庙门口设一火坛，由主祭人率领管理庙会的头首们进行"沐火浴"，三声炮响，十六支先锋齐吹，主祭人率头首举起八面蜈蚣旗呐喊入庙。这里细说一下"沐火浴"，在中国传统文化中，火代表洁净、消毒，此特性与水一样。在玉山人们的观念

中,日常的生活会沾染世间不吉祥、不干净之物,而火能燃烧一切,可驱除人们身体中的不吉祥、不干净之物。祭拜茶神必须虔诚,必须要以洁净的身躯出现在茶神面前,如此就要"沐火浴",即在熊熊燃烧的火盆(有的是火堆,多以稻草燃烧)上跨过,同时以火盆冒出的火焰熏手,才能消

吹先锋

除"肮脏"。在磐安,还形成了一个与"沐火浴"十分相似的民俗文化项目——"磐安炼火"。"炼火",又称"踩火",最早源于对火的崇拜,是一种驱凶避邪、祈福求平安的古老民俗活动,"炼火"时用三十至一百二十箩木炭,摊在画有八卦图案的平地上,并燃成坛火,参演者赤膊、光脚,冲进通红的火炭堆上奔跑,并高歌狂舞、大声呐喊。"磐安炼火"已被列入浙江省首批非物质文化遗产名录。

2.请神入座。祭祀人员把茶神神牌及庙中其他神牌放在太师椅

主祭

上。主祭、陪祭、参祭人员就位。对茶神行三跪九拜大礼。鸣炮、奏乐，恭读祭文、迎神文，焚帛、祝文。

祭文：[1]

岁逢戊子，吉时良辰，浙江磐安茶农敬致祭于茶神"真君大帝"之灵，曰：玉峰雾锁，地钟气和。良田沃土，物产灵芽。赖吾真君，苦身焦思。躬劳制茗，泽被苍生。婺州东白，贡于天下。

奏乐

3.由各村推选出来的"利市人"把茶神抬出庙门巡游茶山。队伍排列顺序为：主祭人执香灯与头首们引路，紧随其后的是抬着茶神的神像和牌位的人们，后

恭读迎神文

[1] 此为2008年秋社祭茶神时所用的祭文。

迎神文

面是八位由各村推选出来的采茶姑娘，其中两位手端水碗，两位手执毛竹枝条，四位手提采茶篮。后随猪头、羊、鸡等福礼和裱糊起来的彩斗等。

4.巡游茶山。主祭人及管理庙会的头首们选中一蓬长势最好的茶树，并带领抬着茶神神牌的队伍围着茶蓬绕走三

茶神巡游茶山

茶神在轿中

茶神巡游茶山

茶神巡游茶山

圈,两位手执毛竹枝条的姑娘走上前,蘸了碗中的净水挥洒在茶蓬上,意为用净水把茶叶洗刷干净,寓有"洗"掉所有茶山上的病虫害之意。接着,四位手提采茶篮的姑娘上前,把那蓬鲜茶叶采摘下来,放在茶篮中。

茶神巡游茶山

5.过九洞门。祭祀队伍巡游了茶山与周边村庄后,回到茶场庙过九洞门。茶场庙前

采茶姑娘们在采茶

过九洞门

事先放着用两根连枝带叶的毛竹，上面的竹尖互相弯曲缠绕扎成的拱形洞门，一排九个，队伍走过九洞门，意为消灾驱邪图吉利。

6.过表。即竖一株竹尖上带枝桠的大毛竹，竹尖上扎一个铁环，约碗口大，以一根长绳穿过铁环，把采摘来的鲜茶包在干净的手巾里，系在长绳上，拉动另一端绳子让茶叶穿过铁环，俗称"过表"。在玉山人民的眼中，过表后的茶叶（物件）非常吉祥。等茶叶过表以后，其他东西如小神像或小孩装饰品等才能过表。

7.供茶、献茶。回到茶场庙，四位手提采茶篮的姑娘把采来的鲜茶放在四个盆子里，供奉到茶神前面的供桌上。主祭人与管理庙会的头首们再次焚香膜拜。主祭人吹牛角（法螺）做法事。

8.祭奠毕，主祭人包一包香灰，与众人一起敲锣打鼓送到百步

过表

善男信女在庙内做佛事

外的溪边，再把香灰等倒进溪水，意为把瘟神之类送出门去，保佑当地年年茶叶丰收、平安吉祥。

9.祭茶神活动结束，善男信女们入殿朝拜、演佛戏、做佛事、拜斗等，很是热闹。

（二）社交

赶茶场期间，凡是参加民间艺术节目表演的人员及香客，包括演大戏的演员，吃饭统一由茶场庙招待，经费统一筹措；其他观众、客人由所在地马塘村及附近的铁店村、孔宅村招待，从古至今已成传统。是时，茶场庙要组织多人烧菜烧饭，马塘等村家家户户买菜买酒，喜气洋洋。

赶茶场时，各村群众都穿上节日盛装。需要走亲访友的人，一般都会提前几天到亲朋好友家走访。家在本地或附近的农户提前数天就带信或亲自上门邀请客人，请亲戚朋友前来赶茶场。节日过后还邀请客人明年再来，家家都以客多为荣。这是茶场庙庙会的又一特色，可以说，赶茶场促进了人与人、人与社会

庙会组织者在准备伙食

的和谐发展。

　　赶茶场期间还是青年男女相亲定情的好时机。"祭茶神"前要在各村挑选美貌姑娘，姑娘们被选中后，自然荣耀光彩，受到青年小伙青睐，此后，上门说媒的便纷至沓来。有的民间艺术节目均由青年妇女出演，如"铜钿鞭"、"大花鼓"等；有的又是青年小伙的节目，如"迎大旗"、"亭阁花灯"、"叠罗汉"等。赶茶场把这些青年人集中在一起，给他们创造了情愫暗生、两情相悦的绝好条件。也有平时已经请人说媒的姑娘小伙，可借此机会相亲。更有一见钟

众人在古茶场内用餐

情的,要求父母请对方全家来家吃饭做客以增进友情,为说媒求亲铺平道路。

(三)商贸

商贸物资交流会是赶茶场民俗文化活动的重要内容。物资交流会与赶茶场的其他民俗节目相互依存、相互促进。正因为有盛大的物资交流会才促进了民间艺术表演节目的快速发展,也正是因为有了这么多民俗节目,使得赶茶场商贸物资交流会异常热闹繁华。

1.历代磐安茶叶商贸的大致情况

唐宋时期,以茶叶交易为中心的商贸已有一定的规模,磐安是当时官府的贡茶和榷茶之地。

到了明代,玉山地区茶叶生产发展很快。官府在古茶场设立巡检司,对茶场商贸实施管理,将茶叶等级分为"贡茶"、"文人茶"、"马路茶"等。据《磐安县志》载:"明正统八年(1443年),玉山茶叶和白术外销获利,有'上半年靠茶叶,下半年靠白术'之说。"并形成了以茶叶交易为中心的重要聚会——春社和秋社,古茶场商贸交易十分繁荣。

清初,据《东阳县志》载:"茶皆官收官卖,官给本钱于民,而后收其茶,民间不得私市。"至咸丰二年(1852年),朝廷委派东阳县衙对古茶场进行严格管理,在茶场内置放东阳县正堂立的"奉谕禁茶叶洋价称头碑"、"奉谕禁白术洋价称头碑"和"奉谕禁粮食洋价称

头碑"三块石碑。古茶场商贸交易逐渐制度化、规模化，成了全国重要的以茶叶为主的商贸综合市场。

到清代晚期，玉山茶场的交易品种已不仅仅是茶叶，药材、粮食等也都归入市场进行交易。清末，国力衰弱，茶农生活日下，茶叶产量大不如前，但即便如此，仍然在"民国二十一年（1932年），境内'产茶万担'，销杭、嵊、绍，每担银十四元"[1]。据此推算，仅茶叶一项，每年成交额约为十四万元银元。从中不难看出玉山茶叶生产在省内外的地位以及玉山古茶场在历史上的功绩。

清代的《东阳县志》记载："茶以大盘、东白二山为最，谷雨前采者，谓之芽茶，更早者谓之毛尖。最贵皆挪做，谓之挪茶。茶客反取粗大，但少饮之，谓之汤茶。转返西商，如法细做，用少许撒茶饼中，谓之撒花，价常数倍。"这里的茶是卖给外国人（西商）作为味精一样来提炼香味和鲜味的，由此可见，大盘山、东白山产的茶叶质量非常之高。

19世纪中叶，海运开通，外销兴起，茶价提高，茶叶产销渐盛。可到抗战时期，因战乱阻销，磐安茶农毁茶改种。1939年，茶园面积3.18万亩，产茶930吨。

2.新中国成立后的磐安茶叶贸易

1949年，新中国成立初期，茶叶有过一段时间的大发展。到了农

[1] 载于《磐安县志》。

业合作化时期，茶叶开始实行集体采摘、制茶和投售。

1958年"大跃进"，磐安茶叶也和其他地方一样受到严重损害。接着是三年自然灾害，政府便号召种"百斤粮"，许多茶地变成了粮田。直到20世纪70年代末，玉山区政府提出了"茶叶当家，牛兔保驾"的口号，才促进了茶叶生产的发展。1982年，玉山的茶叶种植面积就达到了2159亩，占全县茶叶种植面积的55%，茶叶的总产量达到了921担，占全县总产量的77%，玉山成了磐安县的茶叶主产地。

复县以来，历届县委、县政府都把茶叶产业作为最重要的产业来抓，人们奉行"以农民增收为核心，以科技创新为动力，突出良种茶园发展、名优茶开发、市场主体培育、茶叶品牌建设，做大做强茶叶产业"的政策，使茶叶成为磐安三大农业支柱产业之一，在省内外具有较高的竞争力和影响力。

2002年，由于茶叶生产发展快，质量好，磐安被评为"中国生态龙井茶之乡"。据专家研究考证，磐安龙井茶是真正的古越龙井的发源地，其各项质量指标都超过西湖龙井。磐安所产茶叶畅销全国各地，并出口国外，深受各地消费者青睐，每年销售量达800多吨，销售额达4500多万元。从2005年起，磐安县每年发展茶叶基地2000亩。2007年，磐安县茶叶种植面积发展到6.44万亩，产量2123吨，茶叶收入达14013万元。

另外，自新中国成立以后，磐安县以茶场庙会为载体，每年在

茶厂庙物资交流会现场

茶场庙物资交流会每年有几万人参加

赶茶场期间举办物资交流会，这已形成传统。据不完全统计，茶场庙物资交流会每年有几万人参加，商贸成交额达数十万元。

3.赶茶场的药材商贸情况

随着赶茶场的发展，玉山茶场由单纯的茶叶市场发展成综合性的农副产品交易市场，茶场交易的品种已经不仅仅限于茶叶，药材、粮食也归入市场进行交易，尤其是药材，这样的情况一直持续至现在。

中药材产业是磐安县的传统优势产业，磐安县所产中药材久负盛名。自宋代以来，磐安白术、元胡、玄参、白芍、玉竹就一直被世人所称颂。"民国二十一年，是年中药材丰收。白术、元胡为最，次芍药，再次贝母、茯苓、半夏。白术、元胡产量有二千娄以上"[1]，产量巨大。

　　得天独厚的自然条件使磐安县成为天然的中药材资源宝库，1996年磐安县被国务院发展研究中心等单位命名为"中国药材之乡"。全县境内有药用植物1219种，著名"浙八味"中的白术、元胡、浙贝母、玄参、白芍五味药材（统称为"磐五味"）盛产于此。近几年，全县中药材种植面积达8万亩以上，约占全省总面积的24%，是全省最大的中药材主产区。白术、元胡、浙贝母、玄参、天麻的产量均占全国的20%以上。全县中药材产量1万余吨，产值达2亿元以上，占全县农业总产值的30%左右。中药材产业一直是磐安县农业的重要支柱产业，在磐安县农村经济中占有举足轻重的地位，是百姓收入的主要来源。

（四）演社戏

　　社戏，本地农村俗称"会场戏"，这是因为春社和秋社的赶茶场活动在山乡农村俗称为"赶会场"，"会场戏"由此得名。本地农村剧团旧时又称"采茶班"，这种称谓可能与江西的采茶戏有一定的关系。采茶戏主要发源于江西省盛产茶叶的赣南、信丰一带，谷雨时节，妇女上山采茶，一边采一边唱山歌以鼓舞劳动热情，所唱的山歌被称为采茶歌。采茶戏就是从采茶歌和采茶舞发展而来，所以有人称"戏曲是我国用茶叶浇灌起来的一门艺术"。江西与浙江相邻，

---

[1] 载于《磐安县志》。

许逊又是从江西来到浙江，江西与浙江的戏曲除了唱腔不同外，剧团的规模及草台演出的形式等都相差不大，因此把本地农村剧团称为"采茶班"也就不足为奇。

赶茶场民俗文化活动时的"演社戏"，其规模和隆重热烈的程度与平时其他地方的演出又大不相同。清乾隆四十三年（1778年），茶场的大天井里建起一座宇台（戏台），飞檐翘角，盘龙石柱，气派得很。春社、秋社期间，就请戏班在宇台上唱戏，起码三天三夜，供四村八乡前来赶茶场的人观看。到民国时期，赶茶场的人越来越多，常常是数以万计，来者都要看戏，光是一个戏台难以容纳，所以每年的赶茶场基本上有两个戏班，有时三个，都需临时再搭"草台"。两

玉山古茶场戏台

看社戏的人们

婺剧剧照

三个戏班在一起演出,开演后就要"斗台",哪个戏班的台下观众最多,就说明哪个戏班有实力,戏演得好,就是赢家。同时,玉山戏班多、名角多,到茶场庙演出的都是行头齐全、阵容整齐的大剧团,如民国时的"老紫云"、"新紫云"、"大连玉"、"王新喜"、"周同春"等

民间舞蹈《乌龟端茶》

等。所以，每个戏班演出都特别卖力，使出浑身解数，拿出看家好戏来，那种热闹的场景，万众瞩目。

玉山古茶场之所以能形成如此宏大壮观的演戏看戏场景，与玉山悠久的戏曲传统是分不开的。一直有这样一句俗话流行："金华火腿出上蒋，东阳戏子出玉山。"清末民初，演员人数到达高峰，小小一个山区，竟有一百多个名角，有的一村就有两个戏班子。当时的戏班有大金玉乱弹班、郑金玉班、大阳春班、胡庄聚徽班、胡庄三合班等。名角有郑光洪、林志敖、周钱玉、胡梦兰、胡方琴、潘池海等。据《磐安县志》载："道光年间，玉山斐湖村周熊煦、周岩林等艺人创办湖斐徽班，声振金、台。后渗入滩簧、乱弹，为三合班，先后挂过'凤台'、'锦云'、'阳春'、'莲玉'等班名……名伶张士荣演《关羽训子》轰动婺城，府台奖赐'金东第一'，金丝灯笼一对。"在20世纪

50年代，本地还有许多名艺人成为各县婺剧团的创始人和台柱，如潘池海是东阳婺剧团的创始人之一，周钱玉是松阳婺剧团的创始人之一，林志敖是义乌婺剧团的创始人之一，周春荣是江山婺剧团的创始人之一，张泉福是兰溪婺剧团的创始人之一，张士荣是武义婺剧团的创始人之一，张子喜还成为浙江省黄龙洞戏曲园地的教师。

另外，磐安还流传着一个有趣而珍贵的民间戏曲节目，为茶文化又增添了一项精彩的内容，这就是民间舞蹈《乌龟端茶》。这是一个表演技巧很高的舞蹈，演员端茶，仿神龟动作，载歌载舞，非常好看。

（五）民间艺术表演

秋社期间，玉山地区各村基本上都有节目参加表演，形式多样，丰富多彩，场景宏大。主要节目有"迎大旗"、"叠牌坊"、"大凉伞"、"拜斗"、"兴案"、"盘车"、"三十六行"、"大花鼓"、"八童神仙"等。

1.迎大旗

"迎大旗"，又称"迎龙虎大旗"，是赶茶场民俗文化活动标志性的民间艺术节目，也是流传在磐安县境内特有的群体性传统民间竞技活动。

"迎大旗"在玉山地区流传面非常广，尚湖镇岭干村、忠信庄村、王村，尖山镇尖山村、东里村、大园村、管头村、里光洋村、火路

玉山大旗迎风招展

岭村、立岭村、大山头村、林庄村，九和乡南坑村、周店村、柘周村、西湖村、下溪村、宿坑村、三水潭村、桥头村、岩甲村、孔潭村、三儿头村、上俞村，胡宅乡岭头村以及东阳市巍山镇原西营乡的部分村庄，历史上都有"迎大旗"的传统。

（1）"迎大旗"的起源

有关"迎大旗"的起源，本地有多种传说。

其一，马塘及附近乡村的人相传"迎大旗"是从古代茶场的招旗演变而来的。在古代，没有霓虹灯招牌，茶楼、酒店等都依靠竖起招旗指引招徕客商和旅人，可想当时古茶场的招旗应该相当有气派。招旗越做越大也就成了大旗。

玉山大旗

其二，据《磐安县文化志》记载：古代玉山的森林茂密，野兽很多，庄稼深受其害，山民们把劳动时用的围裙系在竹竿上，驱赶野兽。后来逐渐演变为"迎大旗"。

其三，尖山镇一带的人们认为"迎大旗"活动是从明嘉靖年间开始的。明嘉靖三十一年（1552年），倭寇入侵，破黄岩，掠象山、定海，旋破仙居，进入磐安县境内，玉山人民深受其害。戚继光在义乌、东阳、磐安招募兵员，人们踊跃参加义军，奋起抗倭。嘉靖三十四年（1555年），副使刘悫巡摄政金华，命令各县在地势险要处筑寨驻兵抗倭，玉山的夹溪岭、乌岩岭都筑有寨隘。戚继光曾亲率义军在尖山教习武术，以成劲旅。倭寇被击溃后，百姓安宁，玉山人民为了纪念功高如山的抗倭英雄戚继光，遂迎起"龙虎大旗"。"龙虎大旗"是戚家军战旗的象征，又是为百姓除害，造福人民的吉祥之物，并带有一定的宗教色彩，在当地群众中具有较大影响。

其四，从玉山的民间故事与传说中可知"迎大旗"起源于明代永乐皇帝时期。故事说的是朱元璋的第四个儿子燕王朱棣，于建文元年（1335年），为夺取帝位，借助于道家北宿真武天象，制龙虎大旗，祭真武大帝，"靖难"起兵。朱棣登基后，大兴土木，建道家宫观，行道家仪式，使真武香火臻于旺盛。从此，玉山古茶场迎竖龙虎大旗用于祭谢茶神许逊也就成为习俗。

其五，岭干村的人认为"迎大旗"起源于清乾隆年间。传说乾隆庚子年农历十月十六，乾隆皇帝下江南，游至玉山，碰上

"迎大旗"是秋社期间的主要节目

强盗抢劫和追杀。乾隆皇帝躲进茶场庙许逊塑像的背后，强盗追至茶场庙时，顿觉天昏地暗，伸手不见五指，只好无奈退去。乾隆皇帝在茶神的护佑下得以脱险，当即封许逊为"真君大帝"。当晚，惊魂未定的乾隆皇帝借宿于尚湖镇岭干村，见农户家里生活清苦，即问其故。当得知乃山上野兽扰民而致庄稼无收后，就从身上取出小旗相赠，嘱咐说：只要在每年十月十六迎着这面旗到茶场庙朝拜，那庙里的"真君大帝"就会保佑全村风调雨顺、五谷丰登，随后，乾隆皇帝在旗子上盖上皇印。该村就按照乾隆皇帝的嘱咐去做，全村果真风调雨顺、五谷丰登。后来邻村也纷纷效仿，再后来整个玉山地区八个都乡的村庄都争相效仿。因此，玉山地区至今还保留着"迎大旗"这样的习俗，每年玉山人民在茶场庙"迎大旗"，只要尚湖镇岭干村的"娘旗"不到，不竖起来，其他村的大旗是不能迎竖的。

还有大家普遍认为的是，"迎大旗"与许真君有关，是道教的一种仪式。古茶场与茶场庙连在一起，而茶场庙是为纪念许逊帮助本地茶农种茶销茶而建，许逊又是道教四大天师之一，本来就是一位道长。"青龙"、"白虎"是道家的文化名词，龙是水族首领，虎乃百兽之王，在中国图腾文化中向来具有极崇高的地位。再说，"迎大旗"本身就又称作"迎龙虎大旗"，所迎旗帜的旗面上皆绘龙虎。因此，这种说法也是相当有道理的。

（2）大旗的制作

玉山龙虎大旗

大旗共分旗头、旗面、旗杆、拢耸（升）竹、旗索、旗叉和旗杠等几个部分，工艺十分精细。

旗头高1.5米，上半部分称"帽"，下半部分状如葫芦，用竹篾编成，外裹红布。"帽"上插小旗一面，"帽"下葫芦形主体上插小旗三面，并编以流苏，系以飘带。整个旗头竖起来后如凤头摆动，非常漂亮。

旗面需用白底色绸300丈，上绘龙、虎、祥云、花鸟等彩色图案。古代全用手工缝制，制旗场地设在祠堂或大厅的地上，先摊地篾二十四张，再将绸布放在地篾上制作。旗面拼好后，再用青、红、黄三色布镶边。

旗杆分上下两部分,下半部分是一根直而长的大杉木,长度15至18米,上下端直径分别为12和15厘米。在下端高70厘米处凿一长方形孔,穿过一根硬木做成的横档,长150厘米。杉木旗杆漆成红色,下端箍上铜箍。上半部分是一根特大毛竹,长15至17米,竹桩底部打通竹节,竖旗时将竹竿套在木杆尖上,连接处用九个铁箍固定,以防竹竿裂开。整个竹木旗杆长约33米。

拢耸竹即撑杆,每根长12米,共三十六根,上端有小孔,系麻绳,竖旗时系在旗杆上,依靠拢耸竹的耸力把大旗缓缓竖起,大旗竖好后,拢耸竹分成伞形以支撑住大旗。

旗索共八条,三条系于旗头下的旗杆上,系于竹、木旗杆的连接处。在迎竖大旗时,用于拉动大旗并调整大旗的倾斜方向,使旗杆永远保持垂直。

旗叉呈"Y"字形,在竖大旗时用于推动旗杆。

旗杠迎大旗时作扛抬大旗用。

(3)大旗的迎竖技巧

大旗迎竖的场景惊心动魄,每面旗需八十至一百个壮汉(本地称"旗脚")各司其职、齐心协力,方能竖起。整个过程锣鼓紧催,人声鼎沸,数十面大旗竖好后迎风招展,猎猎飘舞,场景宏大壮观。因此,迎竖大旗需要一定的技巧,必须严格按照步骤一步一步做细

迎大旗前的准备工作

迎大旗前的准备工作

旗手们开始奋力竖旗

做好。

首先，在场地正中挖一浅坑，旗杆底部对着浅坑平放于地上，接好竹竿与木杆，并用铁箍箍牢，把旗面套在竹旗杆上扎缚牢固，顶上再接上旗头。每个接头处需仔细检查牢固的程度。

然后，分配好三十六根拢耸竹，八根旗索，每根需一至两人掌握，各司其职，拢耸

竹连接在木旗杆的同一
受力处，八根旗索，其中
五根粗的系在竹、木旗
杆连接处，三根细的系
在竹旗杆上端同一处。

　　大旗迎竖的过程
中，由一人任指挥，先
把旗杆底部按入浅坑
中，数人用旗杠撬住旗
杆下端的横档，防止旗
杆受力向后滑动。数人
手执旗叉，掌握拢耸竹
和旗索的人各就各位，
然后在统一指挥下，所
有的人开始齐心协力
竖大旗。此时，锣鼓紧
催，鞭炮齐放，场面热
烈而壮观。

　　值得一提的是，竖
大旗最大的技术难度

旗手们在奋力竖旗

旗手们在奋力竖旗

就在于"竖"。由于旗杆下粗上细，每个部位的拉力和推力都要严格保持一致、均衡，稍有不均衡便会折断旗杆。拢竽竹可拉可推，由于人多，又处在旗杆的着力处，竖旗的主要力量集中于这个部位。上端的旗索必须与这个部位的力量保持一致，否则，拢竽竹部位的力量太大，上面的旗索力量太小，旗杆就易折断；反之，拢竽竹部位力量小，旗头处旗索的力量太大，同样容易折断。这个竖的过程需要上百人高度统一，齐心协力，拧成一股劲。

迎竖大旗时，是从地上开始缓缓地向上竖，拢竽竹、旗索及旗叉作用的力量基本是拉力和推力，两种力作用的方向基本一致。到大旗基本竖正，掌握拢竽竹、旗索的人员迅速散开，呈伞形立于大旗四周，拢竽竹之间及旗索之间以旗杆为圆心，均匀地分布于四周，以保持大旗不会倾斜。大旗缓缓竖起时，由一人抱住旗面，以免大旗飘开影响大旗迎竖，等到竖到一定的高度，放手让大旗飘开，此时的大旗迎风招展、猎猎飞舞。

迎大旗的另一个技术难度在于要抬起大旗而"迎"。大旗竖正后开始迎大旗，此时，指挥者站到旗杆底端的横档上，一手抱住旗杆，眼睛顺旗杆向上看准旗头倾斜的方向，另一手指挥，保证大旗保持垂直。横档下放两根旗杠，由十六人分成两组在旗杠两头用肩把大旗连同指挥人员一起抬起，开始缓缓绕场"迎"一

旗手们终于成功竖旗

圈。为保持旗杆垂直、平衡，每个人必须围着旗杆保持原状整体移动。"迎大旗"具有一定的危险性，如果大旗倾斜倒下，便会产生旗毁人伤的后果，所以，"迎大旗"的技术难度很大，需要人人全神贯注，丝毫马虎不得。大旗绕场一圈后，又回到原地，用拢耸竹和旗索呈伞形固定在原地。

"迎大旗"最后一个技术难度在于迎完后的收旗。收旗的过程与竖的过程一样，由于收大旗不同于砍树，可以让它随意轰然倒地，所以具有竖立时同样的技术难度，甚至比竖时更难把握。

（4）"迎大旗"的竞技

"迎大旗"其实是一项激烈的竞技项目。整个赶茶场活动是一个竞技场，因为各种民间艺术项目都要比个高低，而大旗最多的一年有三十六面，一般的年份也有十几面，因此相互之间更要竞技比赛。

"迎大旗"竞技，一是比规模、图案、色彩，看哪个村的大旗最高、最大，图案色彩最美、最鲜艳靓丽。二是比迎竖大旗的技巧，大旗是茶场庙会的主要象征。古时，"迎大旗"主要是为了祈求真君大帝保佑风调雨顺、五谷丰登、国泰民安，大旗在迎竖的过程中又很容易折断旗杆出问题，如有差错便被认为是不吉利，虽千方百计补救也始终不能获胜了，而且一村人都会不高兴，甚至在一段时间内都会感到很失面子抬不起头来，所以，实际上"迎大旗"的竞技是相当激烈的。

"迎大旗"竞技未受好评的村，暗中下决心要在今后争取优胜，优胜的村又要争取更上一层楼，也须更加努力。"迎大旗"是一种群体性活动，需要全村有良好的精神风貌、经济实力，也需要邻里团结、齐心协力。因此，"迎大旗"的竞技不但推动了"迎大旗"活动自身的发展，事实上也促进了生产力的发展，有利于安定团结，社会和谐，从而推动精神文明建设和社会生活水平的提高。

（5）"迎大旗"的传承和发展

　　"迎大旗"是一项历史悠久、独特稀有的群体性优秀非物质文化遗产项目。

　　磐安的大旗之大，世界上独一无二，丈量岭干村的大旗，旗杆高33米，旗面面积579.8平方米，差不多可覆盖一亩土地。迎竖时其场景之壮观，气势之宏大，可以说绝无仅有。1998年，尚湖镇忠信庄村大旗上了电视吉尼斯，创下了"中国之最"。

　　大旗迎竖时需八十至一百人，他们各司其职，齐心协力，方能迎竖起大旗。在参加赶茶场活动时，大旗少则十来面，最多达三十多面，其参与面之广、人数之多，在单项民间艺术活动中是非常罕见的。同时，由于磐安是山区，村落分散、交通不便，各村都要到茶场庙迎竖大旗，就需要起早赶路。"迎大旗"的人们脚穿草鞋，腰束汗巾，每次走几十里山路，仍是精神抖擞，乐此不疲，群众参与意识之强也是很少见的。

　　"迎大旗"不但旗大惊人，且旗面上都是彩色图案，旗头新颖别致并饰有流苏飘带，极像彩凤点头，华丽壮观，让人叹为观止，极具艺术欣赏价值。同时，大旗在迎竖时，全体人员各司其职，齐心协力，需要极强的凝聚力和团队精神，体现了中华民族团结拼搏，坚韧不拔，蓬勃向上，敢与大自然抗争的大无畏精神，极具精神激励价值。

　　自20世纪80年代改革开放以后，尚湖镇忠心庄村率先制作新的大旗，其他村也相继制作大旗，恢复了"迎大旗"的传统，使"迎大旗"活动得到了顺利传承。如今，除了在本地茶场庙开展活动外，"迎大旗"两次参加了全县"药交会"；1998年，参加了金华市火腿博览会，同年，"迎大旗"在义乌上了中国电视吉尼斯；2002年，参加浙江省"茶博会"；2003年，参加了余杭茶圣节；2005年，"迎大旗"在横店"清明上河图"景区被评为"八婺民间艺术精品项目"。大旗所到之处，万人瞩目，深受当地观众的欢迎和喜爱。2006年，"迎大旗"分别被列入磐安县、金华市两级首批非物质文化遗产名录；2008年，"迎大旗"被列入浙江省第二批非物质文化遗产名录。

2. 大凉伞

"大凉伞"是磐安县玉山茶场庙赶茶场民俗文化活动中一项非常独特并土生土长的非物质文化遗产项目。

古代，老百姓常要组织起来向神灵求雨。每逢大旱时，各村都要到茶场庙向真君大帝求雨。

相传古代的求雨仪式非常隆重。如果是向龙王求雨，就到溪里的龙潭边去求。在求拜时如果出现一条蛇（没有看见蛇，青蛙一类也一样），就把蛇当做龙的显身，捉住放在"龙瓶"里抬回来，称为"接龙"。如果接回来后果然下了雨，又要举行仪式将其送回龙潭，称为"送龙"。如果是向佛求雨，就到庙里去求，然后把此佛的牌位放在佛龛中抬回村，供奉起来，称作"接佛"。若下了雨，下半年也要隆重地将牌位送回去，称"送佛"。接龙和接佛的形式有一定的区别，接龙时全村青壮年都去，还要带木棍，路上吹着口哨，呼啸而前，要突出威武和紧张的氛围；接佛则由地方头人和乡绅主持，氛围隆重祥和。由于当地百姓都到茶场庙向真君大帝求雨，而送佛时又与秋社活动结合，仪式便更加隆重了。在这样的情况下，当地百姓就模仿古代帝王出巡时的黄罗伞制作成大凉伞，在送真君大帝回茶场庙时高举在神龛之上。经过多年的沿革，就形成了目前这项独树一帜、巧夺天工的大凉伞艺术。

大凉伞制作工艺精湛，以独特的造型和精美的绘刻工艺见长，集书法、绘画、篆刻、凿纸、塑像等艺术门类之大成，寓诗情画意于其中，充分展现了乡土文化特色。大凉伞的制作材料为木材、竹片、

陈列在古茶场内的大凉伞

茶场庙庙会上迎出的大凉伞

有色纸、绵纸等。整个结构分上下两层，下层是高2米，围长3.3米的六棱体或八棱体；上层是高0.7米的亭阁模型。大凉伞用木条子作骨架，外饰十分精致的彩色纸花，框中画上和塑起各式各样立体的人物花鸟，棱角处挂各色纸球和流苏。

大凉伞制作的主要工艺流程如下：

做骨架。先选取一根长约2米的直杆，直杆上有三层横档，档与档之间距离分别为0.23米、0.7米，每层八根横档，上下横档之间各有一根直柱。再选用优质的木材分别制成八个高0.23米、长0.45米或高0.7米、宽0.35米的长方形木框，最后在中柱的顶端制作一片圆板，圆板上装有齿轮，圆板中间制作一座高0.7米、围长2.16米的亭阁。

刷油漆。分别选取与八棱体、亭阁周边等长的木材，在木料上绘好需要雕刻的图案，在画稿的基础上，通过设计，拟定舍与留，把多余的部分去掉，雕刻成立体的龙、凤、花、鸟等吉祥图案。雕刻完工后，将其表面油漆贴金。

凿纸花。选取与木框等大的有色纸，根据图案需要，凿出各种"马"字图案花纹。

糊裱。在木框背面糊裱一层绵纸，在正面中间糊裱出用于摆放刺绣、编织物件的大框（形状有椭圆形、梅花形等）。在大框上下左右糊裱出四个小框（主要以扇形、椭圆形为主）。最后将凿好的"马"字纸花糊裱到木框上。糊的过程中不能让凿雕画起皱、歪斜，因纸花容易断裂起皱，所以要仔细小心，不能急躁。

编织。用彩布、彩线、麦秆等材料编织成各种人物和动物。在大框里一般是放置人物和大的动物，人物以《八仙》、《西游记》、《水浒》等传说中的英雄人物为主，动物有老虎、狮子、大象等。在小框里一般摆放小鸟、螳螂、蝴蝶等小动物。

塑像。用竹条按比例扎成人物或动物的骨架，在竹条上用黏泥捏出各种造型，然后在其表面着色，穿戴其所需的饰物。

制作纸球。首先，按球的大小用绵纸正反折叠成长条状；其次，将折叠好的纸条一侧正反挤压，使纸条自然有序，围成一圈，两端接拢，固定形状；然后放入水中浸泡两三天，后取出烘干；最后，将纸圈外侧分层拉匀，使其呈球状即可。

绘画。画上花鸟、山水等组合图案。

拼接安装。安装是最后一道工序，在制作好的骨架上依次安装好亭阁、塑像、显口、木雕。在亭阁翘角处和八棱体周边的木雕上挂上各色纸球、流苏、吊须。至此，整把精美绝伦的大凉伞即告完工。

　　大凉伞在传承过程中几近失传，在2004年的民族民间艺术资源普查中，发现仅有玉山镇林宅村马山塘自然村的胡福星老人还能制作。于是，就由这位七十五岁的老艺人根据儿时的记忆，花了整整六个月的时间制作了一把用纸做的大凉伞，其做工之精细、艺术之精湛让省群艺馆的专家都赞叹不已。这件作品被县文化馆收藏，胡福星老艺人被评为"金华市民间艺术家"。正是在这样有力的抢救保护下，这门几近失传的民间艺术才得以传承。

　　大凉伞表演，每一把需三人，一人背伞，一人清理障碍，一人挑点心。在迎举的过程中，迎伞人一边行走，一边用手转动手柄，手柄带动大凉伞顶端的亭阁和周边的塑像，伞内可以旋转。游行时，几十把大凉伞形成纵队向前推进，在广场上表演时还可以列队穿插走阵，让人眼花缭乱，目不暇接。村中十六岁以上六十岁以下的男丁还组成"罗汉班"、"昆曲班"、"三十六行"、"十二花名"、"讨饭莲花"等游行队伍，一起参加表演，引得沿途各村的百姓争相观看。在春社、秋社期间，整个玉山地区的百姓都要到茶场庙举行气势宏大、场景壮观的各种民间民俗文化活动，大凉伞表演作为重要形式每年都会出现，一般是八十多把，最多的一次迎过一百多把。整个会场人山人海，鼓乐喧天，那绚丽多姿的大凉伞，让人目不暇接，叹为观止。

2004年，全县在普查挖掘的基础上，统一了大凉伞的规格和形式，并对大凉伞的表演形式进行了统一和规范；同年，大凉伞参加了磐安县第三届民间艺术大赛，获得二等奖。2005年，大凉伞参加了浙江省非物质文化遗产精品展，并被列入磐安县非物质文化遗产名录。2006年，大凉伞被列入金华市非物质文化遗产名录。

3.叠罗汉

赶茶场有一项非常重要的民间艺术形式是"叠罗汉"。"叠罗汉"也称"叠牌坊"，是一种两人以上，人上架人，层层叠成各种各样造型的民间游戏，也是一种民间杂技、民间武术和民间体育健身活动，历史悠久，堪称一绝。

玉山"叠罗汉"的起源据传与南宋初年著名的抗金将领宗泽和明代的民族英雄戚继光有关。宗泽是浙江义乌人，曾在磐安地区招募义军抗金，当年的磐安与义乌同属乌伤县，由于山区青年作战勇敢，宗泽在磐安招的兵员比较多，也特别喜爱这些山区兵。到了明代，戚继光又在义乌、东阳、磐安招募将士，并在玉山地区

叠罗汉

训练部队，然后开赴临海抗倭。这些抗金、抗倭将士后来退役回乡，就把军队中的阵式、格斗、侦察、攀登等一整套军事作战技术带回本地，于是逐渐形成了"叠罗汉"这一民间艺术形式。正因为"叠罗汉"源自古代军队作战，所以在"叠罗汉"活动中，大多数时间都是表演走阵、舞大刀、打拳、盾牌枪对打、棍棒搏斗等阵式动作，与古代部队作战非常相似，而"叠牌坊"是整个活动的高潮。也正因为"叠罗汉"活动的人员需要武术功底，具有攻防能力，所以在古代，只要是"叠罗汉"活动比较兴盛的村，土匪强盗都不敢入村抢掠。

　　"叠罗汉"活动一般分为三个部分。第一部分是踩街；第二部分是布阵，进行阵式动作和武术表演；第三部分是整个活动的高潮"叠罗汉"，有"叠牌坊"和"叠亭阁"等多种形式。

　　踩街是"叠罗汉"活动中最常见的一种形式，乐队开路，随后是头旗、四门叉、雷公拐、方铜、武师、扁叉、短棒、藤牌、罗汉星、流星、漂小花、调尖刀、狮子压队。其中扁叉、流星、漂小花、调尖刀等在进行中要表演拿手的技艺，让大家欣赏，踩街时要有当地人引路，大街小巷都要走一走以示圆满成功。

　　布阵也叫走阵，是罗汉班整体表演的一种形式。阵的走法很多，有长蛇阵、龙门阵、梅花阵、十字阵等，最后一般以龙门阵收局，表示布阵结束。

　　走阵开始先打个圆圈，一般以长蛇阵为第一阵，每换一个阵，头旗都要发出信号，把头旗高举，呼啸一声跨步冲出，后队紧跟而上。最后结束时，全体人员面朝中心，手中器械从头顶朝地面一划，齐呼一下，表示下马，然后整队出场。

武术表演有舞大刀、舞四门叉、滚扁叉、拳击、短棒对打和盾牌枪对打等形式。其中最具特色的是滚扁叉，要求在表演任何动作时，扁叉都要滚动，一刻也不能停，技术难度比较大。滚扁叉的花样也很多，有米筛花、二手朝、抛扁叉过背、过肩过脚、绕手绕脚等。几十个人在场地上表演，扁叉不停滚动，扁叉上的数个铁环不停地发出"嘟嘟"的声响，气势壮观，让人眼花缭乱。

"叠罗汉"的主要形式有"大牌坊"、"小牌坊"、"橙头牌坊"、"叠亭阁"、"摘荔枝"等。

"大牌坊"共有五层。最底层五人，全部重量都靠这五个大力士支撑。叠成后还要旋转，功夫全在"叠"和"转"上。"叠牌坊"需演员二十五人，其中大人十九人，小孩六人。表演时五个大人肩并肩，手臂挽着手臂，并排站在地面上形成五只"脚"。四个小孩分别把前半身挂在五个大人的肩与肩之间，双掌合十，手臂都露在观众面前（意为小孩钻洞），此为第一层。接着在第一层五个大人头上再骑坐五个大人，手臂挽着手臂，为第二层。上面再骑坐三个大人，为第三层。第二层与第三层之间，有两个小孩分别在两端作为翘角，第二层两端的大人手抱小孩一腿，第三层两端的大人手提小孩一

参加叠罗汉表演的孩子

手,二、三层上下两个大人分别抓住小孩,两个小孩做成飞角的姿势,尽量使翘角明显。更上层骑坐三个大人,成第四层。第五层为一个大人骑坐在第四层中间这个人的肩膀上,"大牌坊"叠成后,开始顺时针或逆时针旋转。

"小牌坊"造型与"大牌坊"相似,只是变成两路,每路为十四人,大人十人,小孩四人,三个大人做"脚",也有小孩"钻洞"做"翘角","小牌坊"叠成后,也要做顺时针或逆时针旋转。

"叠亭阁"需演员三十二人,其中大人二十三人,小孩九人,四个大人面朝中心站成四角,呈正方形,再由四个大人共背一正方形木架,与站成角的四个大人形成强有力的"脚"。接着，四个大人背一个正方形木架爬上第一层的木架，成为第二层。然后是第三层。接着，一个大人爬上站在木架中心，成为第四层。最后，一小孩上到最高层，骑到大人肩膀上，成为第五层。"叠亭阁"

叠罗汉表演中第四层大人在空中倒立

成功后，八个小孩通过"撩叉"这一工具分别骑上正方形木架的八个交叉接口处。小孩面朝四周，双掌合十，形成八个翘角，并在十字木架上插上四面彩旗。"叠亭阁"造型完成后，开始表演，整个亭阁开始旋转，顶层小孩开始表演。小孩表演结束，第四层大人成为顶层，在高空表演倒立、倒挂等多种高难度动作。整个表演，场景壮观，惊心动魄。

　　"叠罗汉"集民间艺术、杂技、武术、体育健身于一体，是一项多门类多功能的综合性艺术。"叠罗汉"表演惊心动魄、气势宏大，艺术风格极有震撼力，极具艺术欣赏价值。尚湖镇的"叠牌坊"是赶茶场民俗文化活动中的一个十分优秀的表演节目，经挖掘整理后还曾多次参加县、市表演，深受观众喜爱。2004年参加全县民间艺术大展演，一举夺冠，获一等奖；2005年参加金华市八婺十大优秀民间艺术大赛，获得"十大民间表演艺术精品项目"称号；同年，参加金华市"旅游节"表演获优胜奖；2006年，被列入磐安县、金华市两级首批非物质文化遗产名录；2008年，被列入浙江省非物质文化遗产名录。

秋社期间的其它民间艺术表演在下文中会有详细介绍。

[贰]春社

春社期间，"祭茶神"、演社戏、商贸交易和走亲访友等内容与秋社大致相同，但规模有所不及，特别是商贸交易，秋社极大地超过了春社。而对于"祭茶神"，由于春社时节（正月十四、十五、

板灯龙

布龙

五色龙

十六三天）茶叶新芽没有长出来，所以春社的"祭茶神"无须巡游茶山，也无须采摘新茶。民间艺术表演在春社就成了迎龙灯、挂灯笼。春社时节，村村要迎龙灯，家家户户要会龙灯。流传的龙灯形式五花八门，种类繁多，有板灯龙、人物龙灯、猪乌龙、布龙、竹节龙、篾箍调龙、五爪金龙、五色龙等，还有车马灯、动物灯、十二生肖灯、妇女花灯、儿童灯、老年手提灯、水上迎灯等迎灯形式，灯头还有龙身灯头和四方灯头之分。迎舞时，连幼童们也要拖着卯兔灯在广场上像大人们一样跑上几圈。特别是亭阁花灯、人物灯，更是龙灯中的极品。每年春社时候，玉山地区各村的龙灯都要迎到茶场庙"朝殿"，茶场庙上张灯结彩，鞭炮声声，锣鼓喧天，人山人海。古茶场及周围一带都是龙的海洋、灯的世界，热闹程度无与伦比。清代东阳县令汤庆祖就在《茶场春社》中这样描写："隆隆皮鼓声，逢打白支坞。衣冠热闹场，鸡豕走田父。借问此何时，数点梨花雨。"其时玉山八个都乡的人都到茶场去赶热闹，真可谓"年少女郎连袂出，看灯都集

卯兔灯

煮茶亭"[1]。

（一）岭口亭阁花灯

"岭口亭阁花灯"是春社期间赶茶场民俗文化活动的标志性民间艺术项目，也是本地诸多迎龙灯形式中具有独特风格的龙灯表演艺术。每年春社（元宵节），人们都会将亭阁花灯迎到茶场庙朝拜茶神真君大帝，成为了一道最为精美独特的民间艺术风景。

"亭阁花灯"又称"台阁花灯"，风格迥异，别具特色。"亭阁花灯"的制作工艺十分精细，灯头高3米，围长4米，就像一座金碧辉煌、画栋雕梁的三层亭阁，每台花灯也都制成围长1.5米、高1.6米的三层小亭阁，雕刻精美，龙飞凤舞，并绘上戏曲、神话人物肖像。四角飞檐还镶金贴花，悬挂彩旗和彩球。夜里迎舞时，每台灯点上十二支蜡烛，上百台花灯连接成一条长龙，绚丽多姿。

对于"亭阁花灯"的起源，说法比较一致，它是诸多龙灯形式中的一种。本地迎龙灯十分普

夜晚迎亭阁花灯景象

[1] 记载于《玉山周氏宗谱》中。

遍，几乎村村皆迎，户户有人参加。迎龙灯起源于唐，盛于宋，明清是龙灯的鼎盛时期。据祖辈所传，玉山佳村早在唐代还叫东周村的时候就已经开始舞龙。根据台湾国语日报出版社《中国民俗节日故事》第一册《龙灯》一书的记载及华东师范大学传播学院新闻学系主任、上海市民俗文化学会会长仲富兰教授《舞龙的来历》一文的考证，玉山佳村还是中国舞龙的故乡。直到现在，玉山佳村还流传着这样一个感人的民间传说：

　　一千八百多年前的东汉时期，金华县曾出过一位秉性善良、心系百姓的县令王太爷。一日，王太爷来到玉山奇灵山下的灵溪边察访民情，买了一条大蛇，带回家中饲养。是年夏天，天气特别炎热，灵溪干涸。县太爷向上苍祈祷早降甘霖。一天夜里，县太爷梦见土地公，土地公要求他把大蛇放入灵溪，如此就会有雨水降临。县太爷派人照做。过了几天，果然下起雨来，解了百姓的干旱之苦。人们为了答谢大蛇，不但烧香祭拜，还将大包大包的米丢进溪里。但就在人们用米祭拜大蛇时，天气变得很怪，不是太阳暴晒，就是大雨连绵。县太爷正为此烦恼时，梦见大蛇回来了，并对县太爷说，它原本是奇灵山的巨龙，也是掌管米粮的天神，由于不慎犯了天条，被玉帝贬到人间来，后来由于县太爷的善心感动了玉帝，才让土地公传话放了它。但是大家把米粮丢进溪中祭拜，糟蹋了粮食，触怒了玉帝，要罚金华县大旱两年。大蛇还告诉县太爷，今后祭祀只用清水即可。虽然县太爷下令要求人们用清水祭祀，但是县里还是有些人沿用原来的祭拜方式。玉帝知道后，更加震怒，便把灵溪巨龙斩了。巨龙被斩后，被分割的巨龙身体，从天上落下，分散在灵溪两岸：龙头就落在现今佳村的大会堂边，两颗龙眼嵌进土里，形成左右对称的两口水井，泉水不断；龙鼻子、龙球就在两眼正前方，化作了岩石；龙脖子落在了距离龙头百米多的土冈上，流血的龙脖把泥土染成了红色；龙身落在灵溪东岸的"三脚蹬步"处；龙尾落在了前门山南。人们知道后十分后悔，每逢正月十五便舞龙，用一条条板凳一样的龙灯把巨龙连接起来，这个习俗就一直流传至今。因而玉山地区舞龙之风极盛。"岭口亭阁花灯"就是从迎龙灯艺术中演变而来的。

至于玉山"亭阁花灯"为什么又与其他龙灯不同而独具自己的风格特色呢？这又与赶茶场民俗文化活动有密切关系。许逊游历玉山，帮助本地茶农种茶、制茶和销茶。当地百姓建了庙宇，尊许逊为"茶神真君大帝"，四季朝拜，以纪念许逊的功绩。后来，许逊不仅是"茶神"，还成了玉山民间无所不能的保护神。因此，每逢大旱，都要接真君大帝到各村求雨，等到降了雨，庄稼丰收后又送回茶场庙，这接送用的器具都是形似亭阁的神龛，俗称"行尊"。同时，玉山每年还要举行"祭茶神"的活动，每次活动时，都要把真君大帝及庙中的其他神像和牌位放在神龛中，抬出庙到茶山和附近村庄去游行。岭口村的祖先们很聪明，从这种接送神佛的神龛和接送形式中受到启发，于是独具匠心地按照"神龛"模样制成了亭阁花灯。后来，经过全村人的一齐努力，花灯越做越美，就演变成风格独特的亭阁花灯。

"岭口亭阁花灯"历史悠久、闻名遐迩，经过多年沿革，形成了自己独特的风格：一是花灯工艺精湛、整齐划一，不论白天晚上，各有其特色，远看近观均让人赏心悦目，备受赞叹；二是亭阁花灯以"亭阁"模式为主体，这种形式，全国少有，从普查的情况看，是独一无二、举世无双的。

亭阁花灯的迎舞形式与其他龙灯基本相同。每年正月初八，俗称"朝八"，龙头从祠堂抬到堂屋，由迎龙头的堂家焚香点烛迎接龙王来附身，从这天开始糊裱龙头。各家也开始检查、制作、修补、装饰各自的花灯，其中"花栏"都是将彩纸用小刀雕琢而成的。龙灯在正月十三举行"开眼"仪式，开眼后日夜香火不断，并有专人守护。入夜，龙头在旗灯、头牌开道下，从堂屋抬出走向大街，以示各家的散灯可以出街了，于是每个门堂里的灯都连接起来抬到大街上，待龙头、龙身、龙尾完全连接好后，鸣锣放炮起迎。第一夜先到珍珠山（本保殿），然后返回村里，按习惯路线绕圈，途中经过胡氏宗祠，龙头要朝祖宗，称为"朝祠堂"，这是每夜必做的一个尊祖礼节。第二夜到茶场庙，这是重头戏。因路远，花灯要提早出街，此时正值春社，茶场庙里张灯结彩，火树银花，还有其他龙灯也要到来，整个茶场庙成了龙灯的海洋。亭阁花灯无疑是一道最为亮丽的风景。等到茶场庙迎舞结束，花灯回到胡氏宗祠前休息，朝祠堂、吃点心，并由公堂出资给迎灯的人分"雪饼"。第三夜（正月十五），就在三村之间绕圈，接着在街上拔灯玩耍，活动进入高潮。玩到一定的时候，到广场上去快速打圈，称之为"缠灯"，此时鞭炮齐鸣，欢声雷动，成为最精彩的一场，过后便是谢灯结束。

亭阁花灯的迎舞阵式，有行灯、缠灯、双开门、拔灯等。

行灯，一般行走时的阵式，为一字长蛇阵，走街过巷，到茶场庙及回村路上均为这种阵式，比较斯文。由香灯引路，二旗灯开道，吹打乐队随后，后边是花灯，最后边是两面大锣压阵，锣鼓调为"满江红"。

行灯

行灯

　　缠灯，也称团灯。这一阵式通常在宽敞平整的场地展开。第一个阵式跟着灯头缠，一圈一圈缠成"蚊香"形，第二个阵式围着龙尾缠灯，形式一样，就是缠的时候方向相反。

　　双开门，灯头灯尾同时进阵，各自缠一圈，同时反方向舞出灯阵，又同时进阵，进行第二次双开门。

　　拔灯，类似于拔河。一般在第三夜举行为多，一半人帮龙头向前扯，一半人帮龙尾向后扯，与拔河不同的是，哪一头拔赢就向哪头跑一段路，然后再组织力量争取拔赢，又向另一头跑一段路，场景壮观精彩。

　　亭阁花灯在每夜迎舞结束时都要拆灯，各自背回家，第二夜迎舞时又重新接灯，等到第三夜迎舞过后，才正式拆灯宣告结束，一般要到本保殿拆灯。亭阁花灯从古代流传至今，每次迎舞都要几百人，需全村集体行动，人人参与，具有强大的传承生命力和社会凝聚力。同时，不同于其他任何龙灯形式，它的制作工艺十分精美，风格独特，集雕刻、剪纸、绘画、舞蹈等多种民间艺术于一身，多姿多彩、辉煌灿烂，每次迎舞都是一道最为独特精美的文化大餐，极具艺术欣赏价值。2004年，亭阁花灯参加全县民间艺术大展演比赛活动，一举夺魁，被评为一等奖；2006年，被列入磐安县、金华市两级首批非物质文化遗产名录；2007年被列入浙江省非物质文化遗产名录；2009年又获上海"长三角迎世博"制灯大赛银奖。

（二）人物灯

迎人物灯是赶茶场春社期间民俗文化活动中的优秀节目之一，也是本地诸多迎龙灯形式中的一种具有独特风格的龙灯表演艺术。磐安县尖山镇里光洋村迎人物灯活动历史久远，在古代，迎人物灯是庆贺元宵节的活动项目，后来，赶茶场的春社和元宵节合二为一，迎人物灯又成了春社民俗文化活动的重要节目。

农历正月十五日，古时称这一天为上元节，所以晚上就叫元宵。磐安县正月十三到十六日为庆祝日期，各家各户的门口都张灯结彩，比较大一点的村庄，都有大型彩灯挂在厅堂或祠堂里，许多村有迎龙灯、舞狮子的活动。红灯表示光明，"灯"与"丁"又谐音，表示人

迎人物灯是春社民俗文化活动的重要节目

丁兴旺，故而在一年开始的元宵，人们迎龙灯、舞狮子，祈求全年人
丁兴旺，太平幸福。灯的种类有龙灯、轿灯、牌坊灯、堂灯、人物灯
等等。元宵节期间，大人要给小孩做各种灯玩，如毛兔灯、狮子灯等
等，还要给祖宗坟堂前点灯，叫做"点坟灯"，表示祖孙同庆。这几
天，张灯结彩，迎灯舞狮，鼓乐喧天，灯火辉煌，正是"火树银花不
夜天"。赶茶场的春社和元宵节合二为一后，当地的迎龙灯就更有了
特殊的意义。

　　另据民间传说，里光洋村原来是迎平板灯的，有一年元宵节外
出迎龙灯归来，沿溪而走，许多人看见溪中有许多神仙正在水面上

随灯观看，与映在溪水中的龙灯倒影合在一起，就像立在龙灯上一样，非常好看。于是，人们受到启发，就按照这种样子制作了人物灯，一直流传至今。

人物灯由各种神佛图案组成，有千手观音、八洞神仙，还有赵子龙等等，神态各异，每轿灯都有自己的特点。人物灯用纸裱糊，做工精细，看上去特别耀眼，碰到下雨下雪，人们都要给神佛穿上白色雨披，以防损坏。

龙灯一般是在灯里面插上蜡烛照亮，古代的人物灯也是用蜡烛点亮，但流传到现在，人物灯是在龙头中装一台小型发

迎人物灯

人物灯的各种人物

人物灯的各种人物

电机, 每轿灯之间连接电线用灯泡照亮 (因蜡烛的火苗一不小心就会烧到灯壳)。在迎举时, 龙头前面有旗灯马牌, 锣鼓笙箫, 十分热闹。正月十三起灯, 第一天晚上在本村迎。十四日晚到茶场庙朝拜真君大帝, 后经铁店村 (因是兄弟村每次必到) 沿途返回。十五日晚在本村及邻村迎举, 最后到本保殿敬灯。

迎人物灯在新中国成立前比较兴盛, 新中国成立后曾一度停止, 到20世纪80年代后期又兴起。现在人物灯在制作工艺上得到了一定的改进, 人物形象较为逼真, 增强了可看性, 也将以前的点蜡烛改为用小型发电机发电用灯泡照亮。

人物灯是龙灯的一种, 它与磐安县玉山镇岭口村的亭阁花灯一样，别具一格。人物灯热烈喜庆，深受群众喜爱，是赶茶场之春社期间民俗文化活动中的一个非常优秀的非物质文化遗产项目。早在1987年，该村迎人物灯表演便被浙江电视台全程拍摄，并多次播出，社会各界好评如潮。2005年，人物灯项目列入磐安县非物质文化遗产名录；2006年，列入金华市非物质文化遗产名录。

人物灯的各种人物

可以说，相较于春社，秋社期间的民间艺术表演更为精彩纷呈。除了前文详细描述过的"迎大旗"、"大凉伞"、"叠罗汉"等，还有"拜斗"、"兴案"、"盘车"等艺术表演。在此一并介绍如下。

（一）拜斗

"拜斗"是赶茶场民俗文化活动中最常见的一种带有宗教色彩

的民间舞蹈，一般在"祭茶神"仪式结束就开始表演。"拜斗"有小斗、大斗之分，小斗一天一夜，大斗三天三夜甚至更长。舞蹈以傩舞为主，穿插其他民间歌舞，热闹非凡。

据传，"拜斗"最早起源于《三国演义》中的诸葛亮拜星斗延寿命的传说故事。又有传说，唐朝魏徵梦斩泾河老龙后，唐太宗魂游地府，看见许多鬼魂讨债，唐太宗答应为鬼魂超度亡灵才得以脱身，还阳后就下令大做水陆道场，因而民间就有了"拜斗"做佛事的风俗。此后，当有人久病不愈、家事不顺、晦气破财时，就要请人举行"拜斗"。整个村子也要"拜斗"，称"太平斗"，主要是保佑全村人畜平安。由于茶神许逊到后来已成为整个玉山地区人人信仰的保护神，因此，"拜斗"也就地成为赶茶场民俗文化活动的重要活动项目。

由于本地是茶乡，"拜斗"又是赶茶场、祭茶神时的重要活动，所以，"拜斗"中表演的一个重要节目就是

斗用竹篾、麻秸扎制成塔状

"采茶"的内容，要从栽种表演到采茶、制茶再一直表演到泡茶、献茶。"拜斗"表演的其他都是片段，只有"采茶"这个节目从头至尾比较完整，这是"拜斗"表演的一大特色，也反映了茶乡人民以茶待客、以茶敬神的传统和信仰习俗。

"拜斗"由二十多个节目和四五十个情节不完整的片段串在一起演出。一般演出一日一夜，多时三日三夜。参加者都是俗家妇女，由俗称"佛头"的人负责组织祭祀和演出。整个节目以四人表演为主，先是"净身"、"排斋"。所谓"净身"、"排斋"就是洗过手、脸后再过一次"火浴"（在燃烧的火盆或火堆上跳过）。然后在场地上方设一祭坛，将事先做好的彩斗（用竹篾、麻秸扎制成塔状，裱上

彩斗是一种非常好看的工艺品

锡箔彩纸，彩纸均凿花，制作精致，是一种非常好看的工艺品。分南斗、北斗、玉皇斗、如来斗等）四角挑旗、悬须、挂球，上写"寿比南山"、"福如东海"一类的吉语，按顺序摆在案桌上，再将灯台、香炉、祭礼排列于供桌上。祭礼分素斋和荤斋，素斋摆左边，荤斋摆右边，接下来"接佛"、"做斋"，由司仪敲木鱼，众妇女念经诵

四角挑旗、悬须、挂球的彩斗

佛、焚烧纸钱，意为把天上神佛接到凡间，请他们吃斋。再开始做佛戏，先表演梳头、串佛珠、分手巾、开纸扇，意为梳妆打扮。下接"采茶"中的"种、栽、采、揉、烘、泡、献"，意为香茶奉佛。下接"嬉八方"、唱戏本，所唱戏本如"目莲救母"、"唐僧取经"、"造船"、"送船"、"四方络"等。佛戏结束，鸣放爆竹"送神"、"忏斗"，最后"谢佛"、"还愿"。"拜斗"的每个片段风格始终统一，基本步为"前后踮步"、"踩踏步"，以踮步和碎步为主。动作幅度不大，线条轻柔，隆重庄严。

烧斗

　　目前，农村"拜斗"比较盛行，有些村还不定期地组织到别村表演，深受群众喜爱，至于在赶茶场中表演，那就更是热闹非凡了，这对于维护农村社会的和谐也起到了良好的作用。

　　(二)兴案

　　赶茶场民俗文化活动形式多样、丰富多彩，其中有一项活动称为"兴案"，特别隆重热闹。"兴案"，也称"迎好看"，在秋社社日赶茶场活动中是非常引人关注的节目，花样最多，也最有看头，是一道深受群众喜爱的亮丽风景。

　　"兴案"由那些较大的村子自行组织，有一支庞大的队伍，彩旗飘飘，锣鼓喧闹，在沿途经过的村庄都要表演一番，最后进入茶场庙会场，把全部节目都拿出来表演。一支项目齐全的兴案队伍包括"圣旨荫禄"、"天官赐福"、"台阁"、"十二花名"、"七朵花"、"十字莲花"、"大锣手"、"骆驼班"、"踩高跷"、"罗汉班"等等。因项目太多，要搞齐全几乎是不可能的。所以为了一次"兴案"，就要准备服饰和道具，还要排演，得忙上好一段时间。但是，一支兴案队伍就有这么多节目，几十个村的兴案队伍齐集在茶场庙表演，那种热闹程度，却是无与伦比的。

　　兴案队伍走在最前面的是清道旗与大锣手，这也是一项表演节

兴案表演花样最多，也最有看头

目，两者相互配合，表演形式又各不相同。

清道旗：道具简单，是两面不大的旗帜（旗杆高大约长2米余，三角边长1.5米左右），旗面用绸或布做成，颜色必须是青的，用竹做旗杆，旗杆顶端扎一柏树枝，表示吉祥、长青。表演的两人，各举一面旗帜，高高擎起，走在整个队伍的前头，在锣鼓声中徐缓前进。碰到阻拦的人群或有碍行进的障碍物即予以清除。

大锣手：也是演员两人，紧随在清道旗后面，意为鸣锣开道。演员化装服饰不统一，其特点是滑稽。头发扎成小辫，脸画花脸，上身穿短衫或赤膊，下身穿大红裤，扮相丑陋，装束奇特。他们左手提大锣，右手拿锣槌，装成哑巴，不说不唱，只有动作，如同哑剧，充分利用口、眼、鼻及身体的各个部位，手舞足蹈，以身体语言来表达，以滑稽、风趣取胜。他们表演滑稽的打锣动作，很有吸引力，常使人捧腹而笑。

"圣旨荫禄"、"天官赐福"和"台阁"均由儿童扮演，服饰、道具和扮相参照婺剧。小演员们坐在竹椅上由大人抬着走，到表演场地时则绕圈子"走阵"。"十字莲花"由小男孩组成，头戴金冠箍，足穿花鞋，道具是"莲花夹"。领头的"莲花头"则头戴礼帽，眼戴墨镜，身穿长衫，左手掌扇，右手握"莲花棒"，边唱边舞，要求端庄雅观。"大莲花"就完全是另一副腔调，扮演者都是小伙子，通常每班十三至十五人，队员脸上都画脸谱，故意穿着破衣烂衫。领头的称

　　"开路先锋",头上扎根稻草绳,或戴一顶破草帽,足穿草鞋,手里舞一根"讨饭棍",队员的道具就是两块竹片,敲打起来声音整齐而响亮。莲花头领唱,队员帮唱,还要"手之舞之,足之蹈之",粗犷豪迈,有一种什么都不在乎的气概。

　　"七朵花"的扮演者就都是大姑娘了,她们涂脂抹粉,穿着艳丽,又当青春妙龄,最引人注目,在经过的村庄或会场上常被人们拦住不让走。据说这是赶茶场社日时最早的传统节目,以前唱的是《采茶歌》:

　　二月采茶茶发芽,姐妹双双去采茶;

　　姐采多呀妹采少,多多少少早还家。

　　三月采茶茶叶新,娘在家中绣手巾;

　　两边绣起茶花朵,中间绣个采茶人。

　　七月采茶茶叶稀,早早回家整织机;

　　织出丝绸人喜爱,早早给郎做新衣。

　　到民国时期,大多已改唱时调小曲,载歌载舞,别有风情,最富江南丝竹温婉柔美的韵味。演"大花鼓"的是一男一女,女的一般是男的扮,而且男、女都必须是中年人。男的打锣,女的打鼓,唱舞结合,打情骂俏,粗犷泼辣,加之脸谱与衣着的粗放,更有一种放荡不羁的江湖风味。

　　另外,还有一个很有特色的表演节目,就是"骆驼班"。演员由青年、中年人扮演，前面由两人抬着一头高高大大的竹做纸糊的骆驼开道，后面的扮演者都戴礼帽和墨镜，身着长衫，看上去风流倜傥，一派绅士儒商风度。这个节目据说是土生土长的，是从外地客商到古茶场收购茶叶、药材的情景中演变而来，它更是古代玉山茶叶市场繁荣兴旺，茶商药商纷至沓来的繁华景象的集中体现。

(三)盘车

"盘车"，又称"船车"。据传，"盘车"起源于古代的水上花船，在南宋时期就在本地流行。其时，南京秦淮河、杭州西湖上花船很多，供王孙贵族、才子佳人游玩。西湖上日夜歌舞，也曾使当年的有识之士发出了"西湖歌舞几时休"的叹息。后来，人们就仿照水上花船的模样，逐渐演变成"船车"的表演形式，流行于世。而本地的茶场庙赶茶场庙会和"谷将山"庙会都十分兴盛，各村都要参加朝拜，举行规模宏大的庙会活动。许多民间艺术参加表演，"盘车"自然也成了赶茶场民俗文化活动的优秀节目之一，同时在重大节庆活动中也要参加助兴表演，一直流传至今。

"盘车"（"船车"）由底部的"船"和上面的两个"盘车"组成。所谓"船"是由船头（往上翘）与船板加船尾（往上翘）组成，放地上时船的甲板直接接触地面，船要移动非得众多人抬起才行。在船上有四根1.5米高的木柱支撑起两个盘车（每两根木柱撑起一个盘车），每个盘车有四个风叶，每个风叶上做一个秋千，风车旋转

盘车要移动非得众多人抬起才行

坐在盘车秋千上的孩子

时，四个秋千总是垂直于风叶，使秋千上的座位总是比较稳定。"盘车"表演需十名演员，四男四女共八个小孩坐在风叶的秋千上，意为八仙过海，另两名演员扮演船公与船婆。另还需四名男子站在支撑盘车的木柱旁扳动盘车以使盘车转动，外加敲鼓打乐者八人。表演时，船公喊一声："老婆，开船了……"船公与船婆就开始划桨，并唱起民歌小调《十二花名》等，众人抬着船车在场地上移动（移动路线可自由决定）。

《十二花名》唱词：

"正月花名梅花俏，蒙正读书'汤汤'叫。七岁打虎李存孝，张飞喝断长板桥。二月花名梨花银，知县做官戴功名。有名清官包文正，日审阳家夜审阴。三月花名桃花浪，冷箭射死杨七郎。半文半武张三郎，百万文字在武阳。四月花名杏花秀，金莲戏叔爱风流。武大江山去卖饼，武松杀嫂西门庆。五月花名是端阳，沉香十八救母娘。大山水火胡金德，后头见掌王伯当。六月花名暖洋洋，长子仙文放还阳。前头军师诸葛亮，后头军师刘基当。七月花名荷花青，水满金山白蛇精。许仙借伞起祸根，法海和尚良心狠。八月花名木樨香，宋江杀惜上梁山。秦琼抢印杀出江，狄青比武上杀场。九月花名九重阳，三国之中出大将。大将姓名赵子龙，保驾军师诸葛亮。十月花名小阳春，马前泼水朱买臣。为妻切莫欺君穷，卖薪度日列九卿。十一月花名荔枝甜，黄袍加身赵匡胤。开创大宗三百载，文治盛世显仁慈。十二月花名腊梅俏，抗倭英雄戚继光。来到玉山显神威，扫平倭奴保安康。"

"盘车"表演载歌载舞，民歌小曲悦耳动听，表现了人们对美好生活的向往。

(四)三十六行

"三十六行"在本地流传非常广泛，几乎每年都有这个节目参加赶茶场民俗文化活动表演。它的历史渊源据传是来自隋末瓦岗寨起义的英雄好汉到山东登州化装救秦琼的民间传说故事。瓦岗寨义军首领共三十六人，结拜为"三十六弟兄"，有一次为了救秦琼，

三十六弟兄化装成各行各业的人混进登州城。在登州校场上，由神箭手王伯当射灭秦琼背上的两盏红灯，大家乘乱救出了秦琼。在回瓦岗寨的路上，三十六弟兄互相看着各人身上各个行业的装束，互相打趣，不禁哈哈大笑。据说此后，便逐渐演变成"三十六行"的民间艺术，在世流传，并成为赶茶场民俗文化活动的重要节目。

　　"三十六行"表演者分别装扮成烧炭人、做瓦匠、泥水匠、木匠、种田人、篾匠、铜匠、铁匠、银匠、裁缝、讨饭人、贼、串棕匠、算命先生、打花鼓人、钓鱼人、唱道情者、剃头匠、雕花匠、油漆匠、箍桶匠、骆驼班卖膏药人、罪人解差、和尚、捉蛇人、教师、风水先生、阉猪人、山人、轿夫、做戏人、做生意人、屠夫等形式。烧炭人穿一条背带护裙，拿柴刀一把，担一双炭篮；做瓦匠围一条护裙，背瓦筒、瓦架与锯；做泥水的手拿砖刀与砖刮；木匠拿锯、斧头与角尺；篾匠拿锯、篾刀与尺；铜匠担小担头、小风炉；铁匠担小风炉、铁锤、铁榔头；银

三十六行各行人物

匠担小担头；裁缝师傅手拿装有剪刀与尺子的布包；讨饭人提一火笼，火笼里煨有玉米，并不断地吹火笼，使炭烧旺一点；做贼的为小花脸，手拿铁锤和撬棒；串棕的手拿棕绳；算命先生背帖子；打花鼓的手拿小锣；钓鱼者留有短胡须，穿白色短裙，背钓鱼竿与竹篮；唱道情者背道情筒与夹；剃头者提一只剃头箱；雕花者手拿小斧头与凿；油漆者拿油漆筒与刷子；箍桶者拿平刨与斧头；罪人解差由一人穿"兵"字衣服当解差，一人戴手铐并背木枷演罪人；捉蛇者手提一

条蛇，背一篓子；教师穿长衫，围一条围巾，手拿书与笔；风水先生拿一罗盘；阉猪者在腰间挂一扎刀；山人头戴道士帽，穿道士衣服，衣服前中心有太极图；轿夫穿背夹；做戏的扮一小生样；做生意者手拿算盘与账簿，戴一副茶色眼镜；屠夫拿尖刀与猪钩。

此节目贴近生活，幽默诙谐，热烈欢快，特别

三十六行各行人物

三十六行各行人物

吸引观众。

(五)大花鼓

　　"大花鼓"起源于明洪武年间（约1380年），当地传说，是从安徽的凤阳花鼓演变而来。其时，朱元璋起义夺得了天下并登基做了皇帝，由于连年战祸，灾荒不断，民不聊生，许多安徽凤阳地方的妇女就出门表演凤阳花鼓卖艺求生。据说凤阳的这些青年妇女都非常美貌，也很厉害，会一手点穴功夫，传媳不传女，凤阳花鼓表演得也很精彩，当地人都争相观看，所以流传得非常快、非常广，流传到本地后，就演变成了"大花鼓"。"大花鼓"在重大节庆活动中都要参加助兴表演，自然更是赶茶场民俗文化活动中的重要节目。

　　凤阳花鼓开始传入本地时，是一个人演唱，不拘场地，沿街挨户进行的，唱完后则挨户求讨。后演变成"大花鼓"表演，演员一般是一男一女。男的头扎白色头巾英雄结，身着白色对襟镶花边短衫；女的腰系绣花短围裙，下身穿墨绿灯笼裤。男的手提小锣，女的腰挎小鼓。造型亮相时，女的双腿交叉弯曲，左手托起腰鼓，右手拿起鼓槌，男的双腿呈弓形，手拿小锣，两人相对站立。表演时，男唱："我的命苦真命苦，一生一世讨不得好老婆，别人格老婆挑花又绣朵，我格老婆是个大脚婆……"每唱四句为一段，唱完四句打击一次锣鼓。接着，女唱："我的命苦真命苦，一生一死嫁不得好丈夫，别人格丈夫做官又坐府，我嫁格丈夫是个满面胡……"还有一种则是唱凤阳花鼓的来历作为引子："紧赛鼓，慢赛锣，赛锣赛鼓听我们来唱歌，别样歌儿都不唱，单唱一个凤阳歌。说凤阳，道凤阳，凤阳本是好

大花鼓道具

地方，自从出了朱皇帝，十年倒有九年荒。大户人家卖田地，小户人家卖儿郎，我家没有东西卖，一对小猪卖给了别人家。大猪卖了三千多，叮叮当当买了一枚锣，小猪卖了两千多，叮叮当当买了一面鼓。紧赛鼓，慢赛锣，大家听我们唱花鼓。"也是四句一节，唱完插敲打锣鼓，同时，每敲打完一节锣鼓即交换一次位置，队形变换均以占步跳动为主，或做占步转身造型，或做占步跳交叉变位等。全舞以歌为主，以舞为辅，有齐唱、独唱、对唱。男的动作粗犷有力，女的敏捷轻盈，柔和优美，边唱边舞，融歌、舞、乐、情于一体，备受观众欢迎。

(六)八童神仙

"八童神仙"，在每次秋社社日赶茶场活动中都要参加助兴表演。其形式与"抬阁"表演有些相似，只是化装的都是"八洞神仙"中的人物。在本地，铁拐李、吕洞宾等八个神仙的传说，每人都有一段修炼得道及普度他人成仙的传奇故事，流传非常广泛，几乎是家喻户晓，后来就逐渐形成了"八童神仙"的表演形式。这个节目表演的是劝人向善及修行成仙的神仙故事，可以说是演神仙敬神仙，因此备受群众喜爱。

"八童神仙"表演，化装成"八洞神仙"的都是学前儿童。这八名小孩分别装扮成八个神仙：铁拐李、曹国舅、汉钟离、蓝采和、何仙姑、韩湘子、张果老和吕洞宾。他们穿上戏曲服装，按每个神仙的

八童神仙

特征，配上不同的道具，吕洞宾佩玉剑，韩湘子吹竹箫，蓝采和手提花篮，张果老扛着道情筒，铁拐李系了个药葫芦，还有汉钟离、何仙姑等各有特色。小孩子坐的轿子是由每户农家都有的竹椅改装成的，在竹椅上搭个小棚，披上一床丝绸被套就成了。小孩就坐在轿中央，由两个大人抬着。八个小孩坐八顶轿子，排成一起随"兴案"的队伍浩浩荡荡参加赶茶场的民俗文化活动。

这个节目无需很多表演技巧，简单易行，具有浓厚的山乡特色，且表演展示的基本上是自家小孩，群众自发的积极性很高，目前，已成为赶茶场民俗文化活动中最常见最受欢迎的节目之一。

(七)铜钿鞭

"铜钿鞭"在赶茶场民俗文化活动中也是一个深受群众欢迎的优秀传统民间艺术节目。据传,"铜钿鞭"是河南等地百姓因崇敬西楚霸王的威武,而逐渐形成的一种艺术表演形式,故也称"霸王鞭"。清初,黄河水灾,沿岸灾民逃荒到江南,舞"霸王鞭"沿门卖艺求乞,流传到玉山万苍等地。当时表演的内容是诉说受灾痛苦,企盼吉祥如意等,因道具上装有铜钿遂改称"铜钿鞭"。20世纪50年代初,从老解放区流传过来的"铜钿鞭"又叫"打莲湘",表演时配唱《南泥湾》等歌曲,在各种集会游行时演出,成为歌颂胜利,宣传

铜钿鞭表演

英雄人物，配合中心工作的主要形式。20世纪80年代初，铜钿鞭又参加茶场庙和谷将山庙会的活动，流传至今便成了赶茶场民俗文化活动中的重要节目。

铜钿鞭一般是取约三尺以上长的细竹竿，两侧劈去一片，中间串上八个铜钿，竹竿扎上花带。表演时，表演者右手握住铜钿鞭中间，用它忽上忽下、时左时右地敲击自己的肩、背、腰和四肢，或与他人对打，或敲在地上等等。铜钿不断发出有节奏的沙沙响声，舞者随着响声的节奏，配唱各种民歌小调。参舞者一般为十岁以上的少年女子，浓妆彩服，腰束彩带。舞时边敲边打铜钿鞭，边唱歌词。动作整齐，变换各种队形，歌声悠扬，节奏明朗。

"铜钿鞭"表演一般有两种形式：一种是列队前进，这种表演形式适宜于踩街游行，表演者排成一列纵队，边唱歌边打鞭边向前行进。另一种是场地表演，场地要有一定的面积，队伍可以是数行，纵队、横队均可，队形变化多样，或交叉进行或"S"形或"8"字形交替进行，以增强表演效果。

"铜钿鞭"表演者都是妇女，动作整齐，歌声优美，加上充满节奏感的铜钿鞭声和令人眼花缭乱的打鞭舞蹈动作，让人叹为观止。

(八)打莲花

"打莲花"，也称"莲花落"，这个节目参加赶茶场民俗文化活动表演的历史已非常悠久。传说"打莲花"原是古代穷人用来乞讨

糊口的一种方式，一般是由一个能力较强的人领唱，另外一人或几人附和接唱，大多数是唱一些吉利的语句求得主人的欢喜，获取食物。随着时间推移，社会的发展，"打莲花"的表演艺术也随着发生变化，逐渐演变成社会上流行的一种民间艺术表演形式。据老人传说，本地的"打莲花"的艺术形式，在明末清初就十分流行，并很早就参加赶茶场民俗文化活动和其他节日庆典活动。老人们还清楚地记得，"打莲花"在新中国成立初期的"土改"运动中，还是一种非常重要的文艺宣传形式。

　　"打莲花"队伍可以由男女混合组成，由乐队开道，一人引路（俗称"开路先锋"），后面形成两队相对的队伍。前头并排两个人，一人手提着洋茶壶，一人手挥莲花夹，一伸一缩（称"开大板"），后面几对表演者称"七姐妹"，手拿各种敲打物，表演者还身背大刀、宝剑等兵器。表演时，先由"开路先锋"挥动纸扇边唱边舞，动作比较简单，前进两步，弯腰一个转身又后

打莲花

退两步，如此重复动作并向前推进。同时，由"开路先锋"唱一句歌词，后面队伍的人接唱下一句，接唱的是重复唱"哩莲花，莲花哩莲花，莲花落，鲜花飘"这一句。前进时双脚需侧步走，唱时，各用敲打物打拍子，表演队伍整齐，表演十分有节奏。由于"打莲花"简单易学，流传广泛，表演时声情并茂，场景声势浩大，现已成为赶茶场民俗文化活动中深受群众喜爱的好节目。

农历十月十五赶茶场之际，除以上传统民间艺术表演外，许多村还自发地组织其他民间节目到茶场庙表演。

赶茶场之际的其他民间节目表演

赶茶场之际的其他民间节目表演

赶茶场之际的其他民间节目表演

玉山茶文化习俗

磐安县是『中国生态龙井茶之乡』，茶文化历史悠久，源远流长。这些习俗大部分与中华民族传统茶文化观念相同，也有一些独具磐安的山乡特色。

拜茶神

供茶

各种人物

民间表演

叠罗汉

玉山茶文化习俗

[壹]茶亭文化习俗

　　磐安玉山台地，在婺、台、越三州的交通古道旁，平均每二至五里路，就有茶亭住户施茶。茶亭在玉山非常普遍，这是玉山茶文化的最大特色，也最富于人情味的，那古道热肠的情怀尽在那一杯热

玉山茶亭

茶中。茶亭体现的是中国茶文化中施茶的传统习俗。

　　本地的茶亭就是专为行人提供茶水和小憩的亭子,也有称"凉亭"的,其旁还有人家居住。古代人都是挑担走路,非常辛苦,山区又多是崇山峻岭,行人更是苦不堪言。所以,磐安就有了茶亭施茶的传统习俗。磐安的人们在一条高岭的岭头和岭中建一茶亭,或者在虽没有高岭,但行人很多的地方建一茶亭。在古代,这种茶亭虽然也有公助所建,但大多数是个人兴建,建了房屋之后还要助人田产,招人居住。住茶亭的人无须交任何租金,只要供给行人茶水即可。茶亭让行人旅途劳累时可以小憩,风雨可以暂避,日落可以安歇,饥渴可以餐饮,免除许多旅途之苦。试想,在烈日之下跋涉抑或挑着担子,汗水淋漓,干渴难耐时,进入茶亭喝两碗清茶,那是何等爽快之事? 所以茶亭之功不可小觑。

　　茶亭的起源,传说是为了传承茶神许逊施茶传道、助人为乐的精神。于是,在玉山的各主要路边,二至五里地就选址建茶亭,并选聘亭户负责,又购置田地山

古茶亭之镇云亭

林以解决亭户生产生活问题，维持茶亭能长期正常地施茶。所以，玉山的茶亭特别多，在古茶场方圆三百多平方公里的台地之上的蜿蜒古道上，就有一百多个茶亭。在悠悠岁月中，茶亭为过往的客商挑夫、游客行人无偿地提供歇息、喝茶、点烟等服务，这是一种玉山古茶场特有的茶文化。

本地茶亭皆依山傍路，路中建亭，亭旁建房，长期供应茶水，让过路人歇息解渴。茶亭旁的三至五间楼房，供茶亭户居住生活。有的还设有佛堂，供人进香祈愿。建亭资金差不多都是当地善男信女以建立董事会的方式通过捐助集资而来，捐助的形式多种多样，有助钱、田产、木料、人工等。茶亭供应的茶水，不仅有绿茶，还有六月雪、苦丁茶等，品种多样。在古代，取火不易，茶亭还常备有火笼，让吸烟的人点烟解乏。同时，当时的茶亭还是传播信息、新闻，听传说、讲故事的文化活动场所。

建设茶亭的董事会，每年还要听取社会意见，考察亭户的服务情况，并进行年度评议，好的留下，差的则要更换亭户，同时也要听取茶亭户的汇报，解决需要解决的问题，使茶亭服务更好。新中国成立后，特别是近二十年来，随着社会迅猛发展，山区交通发生了质的变化，茶亭的社会功能逐渐弱化，甚至已经丧失。茶亭户的家庭经济和生活方式也受现代经济冲击而难以为继，同时在下山脱贫、村庄集居的政府政策的推动下，玉山台地原有的古道茶亭已所剩不多,仅余十多处。

茶亭的功能虽然逐渐丧失,但是,古道茶亭作为玉山台地特有的茶文化事象,其文化和社会价值仍始终存在。随着"生态立县、旅居兴县、工业强县"战略的实施,以及全国重点文化保护单位玉山古茶场和国家级非物质文化遗产赶茶场的保护和开发,古茶亭文化同样需要得到保护和开发利用,如夹溪景区的婺台古道间就有十多处茶亭,更应作为茶文化景点加以开发。同时,茶亭代表了长期做好事、施德于人不求回报的中华民族传统美德,有利于社会形成积德行善的风气,这种精神品德上的习俗,更是一笔巨大的非物质文化遗产及宝贵的精神财富,对于推动村落文明和社会和谐更具有深远意义。

[贰]民间敬茶文化习俗

磐安县是"中国生态龙井茶之乡",茶文化历史悠久,源远流长。民间把茶看做是清俭之物,以茶待客,以茶交友,既表尊重,又示清正廉洁。家庭敬茶礼俗长幼有序,相亲相敬。在丧葬、祭祀等礼俗中用茶,也包含着洁净、正气、理智、清醒以及要掌握自己命运的理念。老百姓把茶道贯穿于婚丧嫁娶等礼仪礼俗和日常生活之中,简明质朴,文明和谐,并形成许多奉茶敬客的习俗,这些习俗大部分与中华民族传统茶文化观念相同,也有一些独具磐安的山乡特色。

（一）以茶敬客习俗

此礼俗自古相传，客人来了，向来要"泡茶烧点心"。若是近客、熟客，点心可以不提供，但一杯香茶却是不论生熟远近都要敬的。茶要上佳的"谷雨前茶"，拿茶叶之前还要把手洗干净，以示敬意，喝了茶后再吃点心。就是不认识的人如"六头担小货客"或挑夫上门讨茶，磐安人也都是非常热情地以茶待客。

（二）居家敬茶习俗

磐安人平日居家也要以敬茶表示亲情，明长幼礼仪伦序。大年初一早上起来，合家大小都要先喝一盏茶，这盏茶还要放白糖，跟孩子说叫"甜甜茶"，寓意并祝福一家生活甜如蜜，幸福安康。

磐安特色清茶

（三）婚礼茶习俗

1.嫁妆。旧时婚俗中的嫁妆彩礼，不管厚薄，都须有一对茶叶罐和一个梳妆盒，祝福夫妻白头偕老。

2.结婚时亲戚朋友送礼道贺，上门自然先泡茶。婚宴酒席上不用茶，一开始就喝酒，但新娘进了洞房，就一定先要送茶，与伴娘同饮。

3.闹洞房。结婚当晚，青年人要闹洞房，要去"抢"被、枕头及新娘的鞋等，还要把伴娘及新娘抢出来，每"抢"出一样东西或一个人，就放起火炮，新郎就得拿火炮、香烟、红鸡子、果子去"赎"回来。而去"赎"回时，必定要先泡茶，边喝茶边谈判。闹洞房越热闹越好，闹到最后，有的主人家还要烧点心，但是，点心可以不烧，茶却是不能少的。

4."揭丈贺"（俗名，有些地方干脆就叫"喝茶"）。这是本地的一个特色习俗。"揭丈贺"是一种下辈对上辈表示尊敬的礼俗，另一方面，通过"揭丈贺"，也认识了自家的长辈。"揭丈贺"的时间是新婚的第二天上午，吃过早饭后，夫家的上辈人（包括族内最亲的人和直系亲戚）按辈分大小坐好。先由新娘泡糖茶，一个一个地敬给长辈，大家喝茶，其乐融融。再由媒人或一个家里人分别介绍坐着的长辈，然后，新娘把准备好的棉被等物（旧时以送鞋、袜为主），按辈分大小一个一个地分过去，受礼的人则送一个红包作为还礼，这也是自家上辈人对新娘的见面礼。一般来说，这杯茶一喝，自家人就认识了，也可以说，长辈们承认新娘子是一家人了。

5.新媳妇嫁到夫家的第三天，她要早早起来，向公婆请安，并捧上一碗清茶，表示孝敬公婆的为媳之道。

6.过春节和担年糖。结婚的第一年过春节，新媳妇要早起，等公婆起床或来自己家，先要泡糖茶敬长辈。而在此年春节前，岳父要"担年糖"，送到女儿家，主要是花生及糖果之类。在大年初一，新媳妇要泡许多茶，并一桌一桌地摆好父亲送来的糖果糕点，请全村的人都来喝茶。不管平时合不合得来，甚至是刚吵架过有矛盾的都要请到，这有利于邻里团结和社会和谐。

对于婚嫁的茶习俗，磐安县还有一个著名的民间传说，名叫《周公和桃花女》。说的是有个人叫周公，会给人相面，有个姑娘叫桃花女，也懂得阴阳。周公想娶桃花女，就设计让桃花女的妈妈喝了他家的茶。按当地习俗，女方若不想嫁到男方去，是连他家的茶也不能喝的。可桃花女的妈妈不知这规矩，喝了茶之后，只好把女儿嫁过去。通过这个故事，我们也可以知道，茶在磐安人们的婚姻关系中，扮演着多么重要的角色。

（四）丧葬茶习俗。

旧时人死了入殓时，要把一包茶叶加以土灰让死者带去。据说人死后其灵魂在阴间要喝孟婆汤，也就是迷魂汤，以把今生今世之事全忘掉，将所有恩怨化为乌有，可死者手中有此两物就不用喝孟婆汤了。

（五）祭祀茶习俗。

茶叶还是祭祀时的重要物品。当地民间，凡是祀神，不管是土地神、树神、河神、灶王爷，还是什么大帝、什么菩萨，一概都要有茶叶。对于新生婴儿，大人会把装着茶叶、豆、米的小荷包佩在孩子身上，以定惊驱邪，佑护孩子平安。小孩丢了魂，大人为他招魂，也要用茶和豆、米，俗称"茶叶豆米"。民间认为"茶叶豆米"是很神圣的，能够避邪，能够驱逐邪魔鬼怪，所以如"开山动土"等重要之举，都要撒一圈"茶叶豆米"。

赶茶场的传承、保护和发扬

近年来，赶茶场民俗文化活动面临多方面的危机，针对这一情况，磐安县采取了一系列挖掘和保护的措施。

做佛事

三十六行人物

游茶山

赶茶场的传承、保护和发扬

[壹]赶茶场的传承保护

清乾隆年间，由马塘村周昌霁为首的村人募集资金重修茶场庙和古茶场。此后就由周昌霁和各地方首领出面管理古茶场（茶场庙），同时，组织并管理赶茶场民俗文化活动的各种具体事务。

后古茶场曾多次遭毁，晚清和民国年间曾集资重修过两次。民国年间，玉山地区划成七个半都，在此期间，由马塘村周小苟与七个半都的首领共九人组成古茶场（茶场庙）管理组织，具体管理赶茶场民俗文化活动的具体事务，直到新中国成立前。

1949年，由马塘村周竹香为首的村人组建古茶场（茶场庙）修缮委员会，集资修缮茶场庙和古茶场，并负责管理赶茶场民俗文化活动的具体事务。

新中国成立后，古茶场（茶场庙）房屋归集体使用，但基本未被毁坏。1992年，由当地马塘村张路垚等人重新组织古茶场（茶场庙）管理委员会，并通过集资先后赎回全部古茶场的房屋。1994年集资重修古茶场（茶场庙），并由文物保护所牵头组织和管理赶茶场民俗文化活动的具体事务。

近些年来，赶茶场也面临多方面的危机。

首先，祭茶神活动的祭典法师（山人）大都年老，随着传统文化价值观的改变，现在的年轻人又大多不愿学，随着他们的谢世，已呈后继乏人之势。

其次，随着社会的发展，农村城市化进程的推进，科学水平的提高，传统文化价值观和习俗的改变，现在的青年一代对民俗活动兴趣减少，自发组织存在困难，因此，赶茶场活动生存的土壤和空间也呈逐渐缩小的趋势。

再者，赶茶场民间艺术表演中，像优秀民间艺术项目"迎大旗"，最多的一年共有三十六面大旗在茶场庙迎舞，其中尖山镇还有"八村头"组织，八个村共迎出十一面大旗。"文化大革命"期间，只剩下一面，现经过抢救也只恢复四面（加娘旗一面），只占盛时的约十分之一，必须抓紧抢救恢复。而很多村"迎大旗"的技术

玉山茶场庙宗教管理委员会

已面临失传的危险，需要抓紧整体培训迎竖技艺。又如岭口的亭阁花灯，20世纪60年代"文化大革命"期间被作为"四旧"几乎毁灭殆尽，差一点到了灭绝的地步。80年代虽然恢复了这一优秀项目，但是，亭阁花灯的制作工艺复杂，费用高，保护和开发利用需要强大的经济基础，因此保护和发展存在一定的困难。另外，大凉伞的制作技艺已几近失传，在2004年的民族民间艺术资源普查中，发现仅有玉山镇林宅村马山塘自然村的胡福星老人还能制作，于是，就由这位七十五岁的老艺人根据儿时的记忆，花了整整六个月的时间制作了一把用纸做的大凉伞，这件作品已被县文化馆收藏。但是，胡福星老艺人现已辞世，后继无人，要恢复这一项目，首先就要仿照现有样品的工艺培训制作技艺，而制作的成本费用也相当大，抢救和保护存在很大困难。其他很多项目的抢救和保护也同样存在着类似的困难。

针对上述濒危情况，近年来，磐安县对于赶茶场民俗文化活动采取了一系列挖掘和保护的措施。

首先，进一步开展赶茶场民俗文化活动的普查工作，深入细致地摸清赶茶场民俗文化活动的历史沿革、分布区域、传承过程、发展变化、民间艺术节目及人员构成等情况，并将深入调查的内容进行归类、整理、存档，建立数据库。同时，县人民政府将赶茶场民俗文化活动的保护和传承列入工作规划，县人大常委会就民间艺术保护工作情况与政府进行专项审议。政协在会议期间，还就民间艺术保护问题作专题发言，呼吁社会各界重视和关心民间艺术保护工作。

其次，进一步统一认识，强化责任意识。一是保护赶茶场民俗文化活动传承人，建立传承人保护机制。二是进一步开展理论研究工作，对赶茶场民俗文化活动项目的表演形式、历史渊源、保护价值、目的意义及经久不衰的原因、保护对策等课题进行研究。2006年，县人大常委会还组织民间艺术调研活动，写调研文章，并开展专题讨论。三是与全国重点文物保护单位玉山古茶场的保护相结合，在积极开展保护的基础上，认真恢复并建立具有相当规模的赶茶场民俗文化活动表演基地，全方位组织开展春社、秋社期间的赶茶场民俗文化活动，使两者相辅相成，互相促进，实现共同发展的双赢目标，并注意重点培训新人和年轻人，培养赶茶场活动的接班人，使赶茶场活动后继有人。与此同时，对于赶茶场民俗文化活动的标志性和主要项目如"迎大旗"、"亭阁花灯"、"大凉伞"、"叠罗汉"、"人物灯"等开展重点挖掘和保护。四是建立赶茶场民俗文化活动原生态文化保护区，进行综合保护和合理的开发利用，制定《磐安县民族民间艺术保护规划》，其中对赶茶场民俗文化活动项目做出专项保护五年规划，进一步统一认识，强化责任意识。保护规划具体由玉山镇政府、县文化馆等有关单位负责组织实施，县文化

广电新闻出版局负责管理督导。五是积极创造展示平台，不断挖掘赶茶场民俗文化活动所包含的深层次文化内涵，提高表演水平，提高文化品位。

第三，建立并落实保障机制和措施。在实施五年保护规划时，要着重提高干部群众的保护意识，逐步建立健全持续发展的保护体系。一是建立领导和工作小组，建立以县政府、县文化广电新闻出版局、镇乡政府等各级领导组成的赶茶场民俗文化活动项目普查保护工程领导小组。同时，建立以县文化馆、镇乡文化站、各重点分布区域村赶茶场民俗文化活动表演骨干及社会各界知名人士为成员的赶茶场项目保护工作小组。制定保护规划，把保护发展赶茶场民

文物保护所办公室

俗文化活动项目列入县政府的议事日程，列入有关乡、镇、村的年度考核指标。建立长抓不懈的组织保障机制。二是开辟培训基地，不断培训新生力量，建立长效的人才培训传承机制。三是建立原汁原味的原生态保护与不断提高技艺、协调发展的动态持续保护机制。四是将赶茶场民俗文化活动保护专项经费列入县、乡（镇）财政预算，并与全国重点文物保护单位玉山古茶场的保护相结合，积极发动村民自筹资金，建立县、乡（镇）、村经费投入保障体制。

2006年10月，为了加强玉山古茶场的管理，磐安县编制委员会批文组建玉山古茶场文物保护所，共有三名职工，由张路垚任文物保护所主任，由文物保护所继续牵头组织和管理古茶场的维修及赶茶场民俗文化活动的具体事务。

2001年8月，磐安县人民政府将玉山古茶场列为县文物保护单位。2004年10月，浙江省文物局向国家文物局呈送《关于推荐玉山

磐安县玉山古茶场文物保护所

古茶场为第六批全国重点文物保护单位的报告》。中国文物学会名誉会长罗哲文，国家文物局古建筑学家吕济民、谢辰生，浙江大学教授谢咏恩，浙江省旅游规划设计院吴伏海等，都先后到玉山古茶场考察、论证。2005年3月，浙江省人民政府将磐安古茶场列为第五批省级文物保护单位。2006年，磐安玉山古茶场被国务院批准列入第六批全国重点文物保护单位。时任浙江省委书记习近平在视察了古茶场后还亲自批示，后由省政府拨款五百万元用于古茶场的修缮和保护。

在开展玉山古茶场保护的同时，磐安县对赶茶场民俗文化活动也开展了全方位抢救性的普查、挖掘和保护。2004年，磐安县在民族民间艺术普查的基础上对赶茶场项目开展重点专项普查。2005年，磐安县制定《磐安县民族民间艺术保护规划》，并对赶茶场项目做出专项保护规划；赶茶场被列入县非物质文化遗产名录。2006年，赶茶场被列入金华市非物质文化遗产名录，磐安县还邀请省、市专家进行研讨。专家们认为赶茶场民俗文化活动历史悠久，场景宏大，文化底蕴深厚，是各种优秀民族民间艺术形式的大融合、大展现和大聚会，对于推动当地的茶叶生产、旅游开发、经济建设以及促进人文、社会和谐，具有深远意义。2007年，赶茶场被列入第二批浙江省非物质文化遗产名录。2008年，赶茶场被列入第二批国家级非物质文化遗产名录。

[贰]代表性传承人

（一）赶茶场传承人张路垚

张路垚，磐安县玉山镇马塘村人，农民，生于1945年，小学文化程度，通晓民俗文化活动，善于组织管理。1992年，在张路垚的努力下，成立了茶场庙筹建委员会，他当选为主任，周边乡镇村二十一人任委员。之后，他物色了一百多位有集资能力而且在群众中有威信，又有无私奉献精神的村民，通过一年的努力，总共集资了二十五万元之多。有了资金，人们终于赎回在农业合作社时分别被玉山供销社和磐安酒厂玉山分厂占用的茶场庙全部屋宇。鉴于大殿年久失修，柱脚倾斜，牛腿损坏，为确保安全，张路垚及时请师傅维修，修正柱脚，照原式原样换上新牛腿，并用钢筋水泥浇铸加固。

有了庙宇后，张路垚马不停蹄地带领筹建组人员奔走各村劝说当地干部为恢复庙会活动而努力。他到忠心庄村、岭干村（两村都是龙虎大旗的发源村），劝说当地干部发动制作龙虎大旗，并走访年长老人，回忆大旗的制作；他到玉山镇岭口村发动村民恢复迎舞亭阁花灯；他组建马塘村文艺队伍，参加茶场庙庙会活动。经过一年努力，舞狮队在老年协会老艺人的传授下舞起来了，腰鼓队在县文化馆老师的指导下敲起来了，民乐队在几位爱好者的带动下吹打起来了。为了让古茶场的面貌有进一步的改观，张路垚大力组织赶茶场活动，组织三十六行、抬八仙、骆驼班、铜钿鞭、大头舞、大花鼓等各种丰富多彩的民间艺术表演,极大地丰富了群众文化生活。到了1994年,茶场庙修缮工程如期完成,茶场庙管理委员会具体管理古茶场和茶场庙,并负责组织管理赶茶场民俗文化活动的具体事务。2006年,玉山古茶场被列为全国家重点文物保护单位,有关部门又在茶场庙管委会的基础上设立玉山古茶场文物保护所,张路垚作为有特殊贡献者被吸收为文物保护所成员,并任文物保护所主任,负责古茶场修复和赶茶场民俗文化活动的具体事务。

(二)亭阁花灯传承人胡葛良、胡金初

20世纪六七十年代,由于"文化大革命",岭口的亭阁花灯曾一度停止活动,制作工艺也濒临失传。改革开放后,胡葛良、胡金初十分热心于非物质文化遗产的抢救保护工作,发动了一批年轻人率先提议恢复迎亭阁花灯,并利用他们的木雕、剪纸、绘画等工艺功底,开始试制花灯。他们不辞辛劳四处向老人请教,经过近三年的试制,终于在1979年成功制作出亭阁花灯,使这一门古老的艺术得以顺利传承。当年,岭口村就举行了盛大的迎花灯活动,全村共有一百六十台花灯参迎,浙江电视台还专门作了报道。

目前,胡葛良、胡金初两人是亭阁花灯制作工艺学得最全面的人,也是迎舞岭口亭阁花灯的组织人和辅导人,并正在带徒传艺。可以说,他们为岭口亭阁花灯项目的抢救保护和顺利传承作出了很大的贡献。在他们的努力下,每年元宵节亭阁花灯都要参加赶茶场活动,每次迎舞都是一道最为独特精美的文化风景。2004年,亭阁花灯参加全县民间艺术大展演比赛活动,一举夺魁,被评为一等奖;2006年,亭阁花灯被列入磐安县、金华市两级首批非物质文化遗产名录;2007年被列入浙江省非物质文化遗产名录;2009年又获上海"长三角迎世博"制灯大赛银奖。胡葛良、胡金初两人也在2007年被评为浙江省第一批非物质文化遗产项目代表性传承人。

亭阁花灯清末以后的传承谱系:

姓 名	性别	出生年月	文化程度	传承方式	学艺时间	地 址
胡奎连	男	1881年	私塾	师徒	1901年	玉山镇岭口村
周连根	男	1905年	私塾	师徒	1926年	玉山镇铁店村
厉香岳	男	1931年	小学	师徒	1950年	玉山镇上箬坑
胡自海	男	1935年	小学	家传	1958年	玉山镇岭口村
胡金初	男	1953年	初中	家传	1979年	玉山镇岭口村
胡葛良	男	1956年	初中	师徒	1979年	玉山镇岭口村

(三)"叠牌坊"传承人袁梦其

袁梦其,尚湖镇下袁村人,1928年出生,1935年至1942年在志成小学读书,1943年至1948年在村务农,1949年12月15日参加中国人民解放军,任班长,1953年10月加入中国共产党,1956年2月退伍,1957

年至1959年在下岸、尖山等钢铁厂工作，1960年至今在家务农，任民兵连长十五年。

袁梦其五岁开始学习"叠牌坊"艺术，十八岁时组织召集本村一百多人传授"叠牌坊"技术，历经两年多时间二百多次排练，让每个学员都基本掌握了技术要领，使这一优秀民间艺术项目得以顺利传承。之后，人员不断更新换代，技艺不断精益求精，这一优秀的民间艺术项目得到全面发展和发扬光大，这其中袁梦其本人发挥了极大作用。现每届"谷将山"庙会，"叠牌坊"表演都会参加，得到本地社员群众的一致好评，其他公共庆典也应邀积极参加。2003年参加磐安县二十周年县庆时荣获磐安县民间艺术一等奖；2005年参加"横店影视城杯"八婺十大民间表演艺术展演时荣获精品项目奖；2006年参加金华市"旅游节"表演。"叠牌坊"已被列入浙江省非物质文化遗产代名录。

（四）"迎大旗"传承人倪银福

倪银福，尚湖镇岭干人，1939年5月出生，1959年至1964年参加大旗会。1965年至1988年因"文化大革命"大旗被毁，1988年至2009年恢复"龙虎大旗"。每年10月16日倪银福都带领全村一百二十个壮汉到茶场庙竖"龙虎大旗"，曾任"龙虎大旗"会会长。

倪银福十八岁时就组织召集本村一百二十多人学习"迎大旗"。"迎大旗"是该村一项十分古老的优秀民间艺术项目，"文化大革命"

期间曾一度停止活动，1988年恢复"龙虎大旗"后，倪银福积极筹款恢复头子旗，每年10月16日带领村一百二十多人到茶场庙"迎大旗"，使这一优秀民间艺术得到全面继承和发扬光大。倪银福在非物质文化遗产的抢救保护方面做了许多工作，多次受到表扬和奖励。

（五）"迎大旗"传承人王仁良

王仁良，1948年9月出生，尚湖镇忠信庄村人，1955年至1961年在尚湖小学就读，1969年至1973年在江苏、安徽等地参军，1973年至今在家务农。1984年恢复"迎大旗"以来，王仁良就一直参与活动，平时负责大旗及服装的保管，活动期间负责人员的召集，"迎大旗"的指导。

"迎大旗"是一项十分古老的优秀民间艺术项目，在"文化大革命"期间曾一度停止活动，整个玉山地区的大旗都在破"四旧"中被毁掉，仅剩尚湖镇忠信庄村唯一的一面大旗，在王仁良等人千方百计的保护下，才得以完整地保存下来。改革开放以后，王仁良组织人员，筹集资金，按照保存的旧大旗式样重新制作大旗，使这一项赶茶场民俗文化活动的标志性项目得以顺利保护和传承。

自1984年恢复迎龙虎大旗以来，王仁良又虚心向村里老艺人求教，学习"迎大旗"的知识、技艺以及活动的组织、协调和表演程序等各方面知识，全方位地掌握"迎大旗"活动的技能，并负责组织指导开展"迎大旗"活动和保管大旗旗面及服装等一系列工作。同时，王仁良积极组织带队外出开展活动，该村的"迎大旗"多次参加全省各地各种大型庆典表演。1988年，参加金华火腿博览会开幕式，同年，又参加电视吉尼斯纪录大表演；2000年，参加金华市"十月的阳光"民间艺术展演；2002年，参加浙江省茶博会开幕式；2003年，参加杭州余杭"茶圣节"。每次外出活动，所到之地，万人空巷，博得了各界的好评。2007年，"迎大旗"被列入第二批浙江省非物质文化遗产名录。

[叁]旗会、灯会组织

为了使"迎大旗"这一优秀的民俗文化活动项目能够盛传不衰，自清代、民国开始，有"迎大旗"项目的各村都建立了旗会组织。这种旗会组织，一般由各村行政或宗族头首出面负责，主要负责每年"迎大旗"的具体事务，同时，也参与调解邻里纠纷及村与村之间的矛盾和纷争，并共同负责社会治安、劳动生产等许多本村的重大行政事务，威望比较高。

另外，如尖山镇的东里、大园、管头、里光洋、火路岭、大山头、立岭、林庄等，还共同成立了"八村头"联合旗会组织，共同负责履行"迎大旗"的各项事务。这种旗会组织，对于各村"迎大旗"活动和其他赶茶场民俗文化活动的顺利传承起到了决定性的作用。

春社期间赶茶场，玉山各村的龙灯都要迎到茶场庙朝拜茶神许逊，上千年来年年如此，雷打不动。本地的龙灯之所以能如此普及并长期传承,与各村灯会组织发挥的重要作用是分不开的。

如岭口村亭阁花灯的灯会组织。全村95%以上的村民都要参加灯会,俗称"会脚"。灯会有会田,三年为一值,轮到值年,种三年"会田",要负责组织迎灯三年,恪守不渝。可以说,这种灯会组织和制定的乡规民约使迎龙灯走向制度化、规范化,因此岭口村每年的亭阁花灯基本能保持在七十至七十五台以上。另外,岭口村是大村,有一溪流贯穿村中,为了年年有龙灯,灯会就以溪为界把村子一分为二,规定上半村迎三年,下半村再迎三年,如此轮流,习以成规,从不间断,使亭阁花灯这项赶茶场民俗文化活动的标志性项目一直顺利传承至今。

各村的灯会组织与岭口村基本相同,也与旗会组织差不多,一般也都由各村行政或宗族头首及比较有威望的老人出面组成,除了主要负责每年的迎龙灯事务外,也要参与调解邻里纠纷及村与村之间的矛盾纷争,保障社会治安,督促劳动生产等重大行政事务。

附录

茶峰晓翠[1]（同题诗五首）

一

宋之南有榷茶地，其山如绣茶如簪。

一枪一旗闹初旭，谁与采者头毵毵。

不妆不饰曳布袄，火前撷得浮青岚。

供租奉税岁不足，岩蹊石磴追云骖。

排去蹑雾瘁肌骨，心苦讵谓茶其甘。

手拈雀舌酣浸晓，敢私余绿斟江潭。

迩来不榷茶更好，沦倩玉手社先酣。

朝襄竹帘玩清霁，黛眉镜莹珍珠函。

染人罗袂双袜口，薄翠艳艳江之南。

（清·陈发）

---

[1] 茶场庙前之山名为"茶峰"。

二

匼岭环山又一峰，榷茶时候杖春筇。

只疑春晓开妆镜，写来家山著色浓。

（清·潘肇文）

三

螺盘双髻七凝云，簪得松钗短不分。

梦破琴心惊乍觉，蜀山深处卓文君。

（清·吴正偕）

四

雨滴茶峰晓，珠衍雀舌团。

一枝空翠里，赢得卷帘看。

（清·菱亭）

五

雨后火前牙老茶，茶香腻处开山花。

嫣红一缕破浓绿，举头日涌天之涯。

（清·杜时芳）

茶场山（同题诗二首）

一

春深二月种山姜，妇女提篮也裹粮。

说是赵家南渡后，拨云开置榷茶场。

（清·昌茂）

二

春深寒食山疑雨，硖角笼云半吞吐。

一峰撒在榷茶场，只是为烟抱环堵。

（清·周昌霁）

游茶山赠同学周绍绪

茶场山漉岚光清，一旗绿荈风英英。

攀崖躐磴共携手，霞表陡激鸦轮明。

归来壁字蛟鼍壮，才好新诗脱羁靮。

馔肴打饵枣如瓜，岩花烂捣溪南藤。

（清·楼上层）

玉笋峰

笋是当年玉琢成，一峰青逗年烟清。

只疑文武丹归我，身向蓬莱顶上行。

（清·昌茂）

玉笋留云

须知行雨苦，才解作云难。

留伴山石中，春风笋一干。

（清·卢柏）

玉山竹枝词

一

八万峰头绝险幽，草堂[1]占得好林邱。

当年记取匏斋语，曾拟家山小益州。[2]

（清·周昌霁）

二

山到唐婆岭[3]内平，桥从飞石洞前横。

侬家一曲封山路。暖翠浮峦画不成。

三

野一棠树堕残春，白玉山头[4]草色新。

惆怅耕余曾野唱，荒村谁吊吕山人[5]。

四

山深路险树林稠，吴凯当年避地留。

一纸书来招不得，至今人说撒银坵[6]。

[1] 指玉山草堂，故址在铁店村，封山之麓。

[2] 匏斋，指戴匏斋，名文灯，字经农，匏斋是其号。归安人。乾隆时任东阳儒学教谕，
来玉山时曾说：玉山环崖迤岭，仿佛剑门栈道，似乎把玉山当做小益州了。

[3] 唐婆岭，在岭口村西北，旧时去东阳、杭州，乃必经之地。

[4] 白玉山头，指山头吕村。

[5] 吕山人，指吕默，号白玉山人。明朝诗人，作品有《耕余野唱》若干卷。

[6] 指清代吴凯的故事。吴凯，暨阳人，明末抗清名将。遭清兵追杀时，吴凯命士兵撒
银元于田野而得脱逃。后人称吴凯命士兵撒银元之田为"撒银"。

五

茶场山下春昼晴，茶场庙外春草生。

游人杂遝香成市，不住蓬蓬社鼓声。

六

绝顶茶场马迹存[1]，卷桥[2]苔侵断崖昏。

成章[3]山上仙人石，仔细摩挲认掌痕。

七

蹬道金蒙历道场[4]，杜家岭[5]外已斜阳。

秋风落叶黄连路，一带蜂儿榧子香[6]。

八

夹溪壁立两崖分，筑隘当年感使君。[7]

久荷升平空险设，书生经国志徒殷。

九

三月春深术苗长，九月秋老术头香。

携得镵长白木柄，为郎掘取作仙粮。

---

[1] 茶场山之巅有马蹄岩。

[2] 卷桥在唐婆岭下。

[3] 成章在尚湖村后。

[4] 道场岭之西为金蒙山。

[5] 杜家岭在岭口村之西。

[6] 蜂儿榧系一种个子较小但特别香脆的榧子。

[7] "隘"之夹溪寨，"使君"即来玉山视察后叫百姓建造夹溪寨的刘恕。

十

上元灯火赛龙形，龙尾龙头骨接灵。

年少女郎联袂出，看灯都集煮茶亭。

附录二　本地民歌《十采茶》

十采茶

正月采茶是新年，

玻璃灯盏挂堂前，

玻璃灯盏堂前挂，

采茶姑娘笑盈盈。

二月采茶茶暴芽，

高山大岭实难爬，

姐采少来妹采多，

随多随少转回家。

三月采茶茶叶青，

姐妹双双结手巾，

两边要结金蝴蝶，

中央要结牡丹心。

四月采茶茶叶黄，
茶树脚下白茫茫，
脚踏缲车团团转，
口衔丝线眼观郎。

五月采茶在茶园，
茶树脚下有蛇盘，
多买香烛敬土地，
山皇土地保平安。

六月采茶绿洋洋，
茶树脚下好阴凉，
哥在树下歇一歇，
妹摇花扇飘飘凉。

七月采茶七秋凉，
风吹茶花满园香，
头茶好吃二茶香，

留下三茶让茶娘。

八月采茶八角飞，

姐姐做件采茶衣，

长人穿衣衣不短，

短人穿衣衣不长。

九月采茶九重阳，

重阳美酒菊花香，

姐哥吃杯同心酒，

明年有事共商量。

十月采茶十团圆，

前人做事后人传，

哪个后生不爱姐，

哪个姐姐不贪郎。

选自《中国民间文学集成·浙江省金华市磐安县故事歌谣谚语卷》

附录三 《茶场秋社迎神文》和《赞茶神》诗

茶场秋社迎神文

日吉时良,浙江省金华市磐安县,率玉山十里八乡万千茶农,备以牲礼庶馐,清酌荤素两宜,薄礼一道,于玉山茶场祭祀堂公祭茶神真君大帝。手捧紫烟三支香,信送凌霄九重天。真香香烟缥缈,宝烛烛光辉煌。合日月之光辉,似迅雷之神速,上达天堂,下通地府。香到心到,虔诚恭迎,三界佛祖,圣君神祇,光临华筵,受礼降福。

一迎上层佛祖。玉皇大帝、各位老祖、南无观世音菩萨、南无金刚手菩萨、南无弥勒佛菩萨、南无妙吉祥菩萨、南无虚空藏菩萨、南无徐盖章菩萨、南无文殊普贤菩萨、南无地藏王菩萨及西方十万诸佛。

二迎中层圣君。本年太岁、值年圣君、值月圣君、值日圣君、值时圣君、廿八宿圣君、天月二德圣君、龙德紫微圣君、流年大运小运圣君、加官加禄圣君、延年保寿圣君、文昌帝君、五方五帝及各路圣君。

三迎下层神祇。杭州、金华、东阳、磐安、州府市邑,各城隍老爷及夫人,方岩胡公大帝及夫人,谷将山小相公,乡镇村间各庙大神,玉山境内各家各户之住宅龙神、门神、财神、灶神及远近过往神旅五方廿四家过往神祇。

请在天者,腾云驾雾,在水者,乘风推船,在地者,驰车奔马,民有诚意远近须到,若有不知香烟奉知。

凶星远远退度，吉星位位临宫。各各按部就班，归坐乾坤艮巽，坎离震兑八卦宫位宾客席受礼。

百拜恭请！

赞茶神

玉山台地古茶场，
风光旖旎换盛装，
抚今追昔赞茶神，
许逊美名天下扬。

许逊原为一县官，
百姓福祉系心上，
不满宫廷朝纲乱，
辞官入道当道长。

一日云游到玉山，
品味鲜茶好清香，
真性为民辟财路，
茶叶富民万众欢。

茶神功德大无量，
真君大帝坐茶场，
世代弘扬茶文化，
幸福和谐万年长！

后 记

  磐安县风景秀丽，环境优美，空气清新，出产富饶，是浙中大地上的一颗明珠。全县青山绿水，蓝天白云，鸟语花香，四季如春，因此又被称为"世外桃源"、"天然氧吧"，是绝佳的旅游胜地，养生天堂。

  磐安得天独厚的自然地理环境不但孕育出茶叶、香菇、药材等众多的特产，使磐安成为"中国香菇之乡"、"中国药材之乡"、"中国生态龙井茶之乡"，更孕育出许许多多丰富多彩、各具形态的优秀民族民间文化艺术。其中许多文化底蕴深厚，极具山乡特色和乡土气息的优秀民间艺术项目，深具山水文化、源头文化、原生态文化特色，堪称艺术奇葩。

  本书记述的赶茶场民俗文化活动，就是我县众多优秀非物质文化遗产中的一项。其艺术价值、历史研究价值以及促进社会和谐生产发展的功能作用意义十分深远。2008年，赶茶场被列入国家第二批非物质文化遗产名录，相信在各级政府的进一步重视和保护下，这一艺术之花必将开得更加鲜艳。

在《赶茶场》一书的编写过程中，始终受到省文化厅领导、专家和本县领导的深切关怀和大力支持，在此深表感谢。书中部分文字参考并摘引了著名作家王旭烽老师所著的《玉山古茶场》一书的内容，对她知识之渊博，写作之严谨以及对史料调查印证之充分，笔者深感钦佩，惭愧之余更深表感谢。同时，省非物质文化遗产保护专家委员会吴露生教授对书稿认真审读并提出宝贵的修改意见，在此也一并深表感谢。

由于笔者水平有限，加上时间紧、内容多、困难大，在编撰过程中，肯定还存在着不少错误和遗漏，文字表述也难免有失偏颇。在此，谨请各级领导、专家及同仁不吝赐教并指正。

责任编辑：方　妍

装帧设计：任惠安

责任校对：程翠华

责任印制：朱圣学

装帧顾问：张　望

编委会主任：潘玲玲　骆金平

编委会成员：潘玲玲　骆金平　卢华华　陈永岗　马时彬

图书在版编目（ＣＩＰ）数据

磐安赶茶场 / 陈永岗主编；周天天，马时彬，王海根编著.—杭州：浙江摄影出版社，2012.5（2023.1重印）

（浙江省非物质文化遗产代表作丛书 / 杨建新主编）

ISBN 978-7-5514-0103-6

Ⅰ.①磐… Ⅱ.①陈… ②周… ③马… ④王… Ⅲ.①茶园—介绍—磐安县 Ⅳ.①S571.1

中国版本图书馆CIP数据核字（2012）第096611号

磐安赶茶场

陈永岗　主编　周天天　马时彬　王海根　编著

全国百佳图书出版单位

浙江摄影出版社出版发行

　　　　地址：杭州市体育场路347号

　　　　邮编：310006

　　　　网址：www.photo.zjcb.com

经销：全国新华书店

制版：浙江新华图文制作有限公司

印刷：廊坊市印艺阁数字科技有限公司

开本：960mm×1270mm　1/32

印张：5.75

2012年5月第1版　　2023年1月第2次印刷

ISBN 978-7-5514-0103-6

定价：46.00元